Germ Stories

ミクロの世界の仲間たち
微生物のふしぎなおはなし

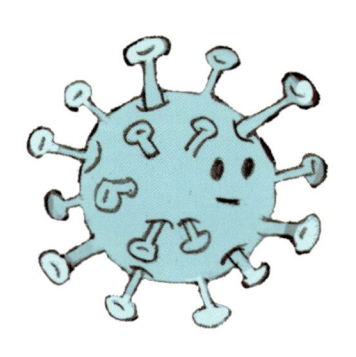

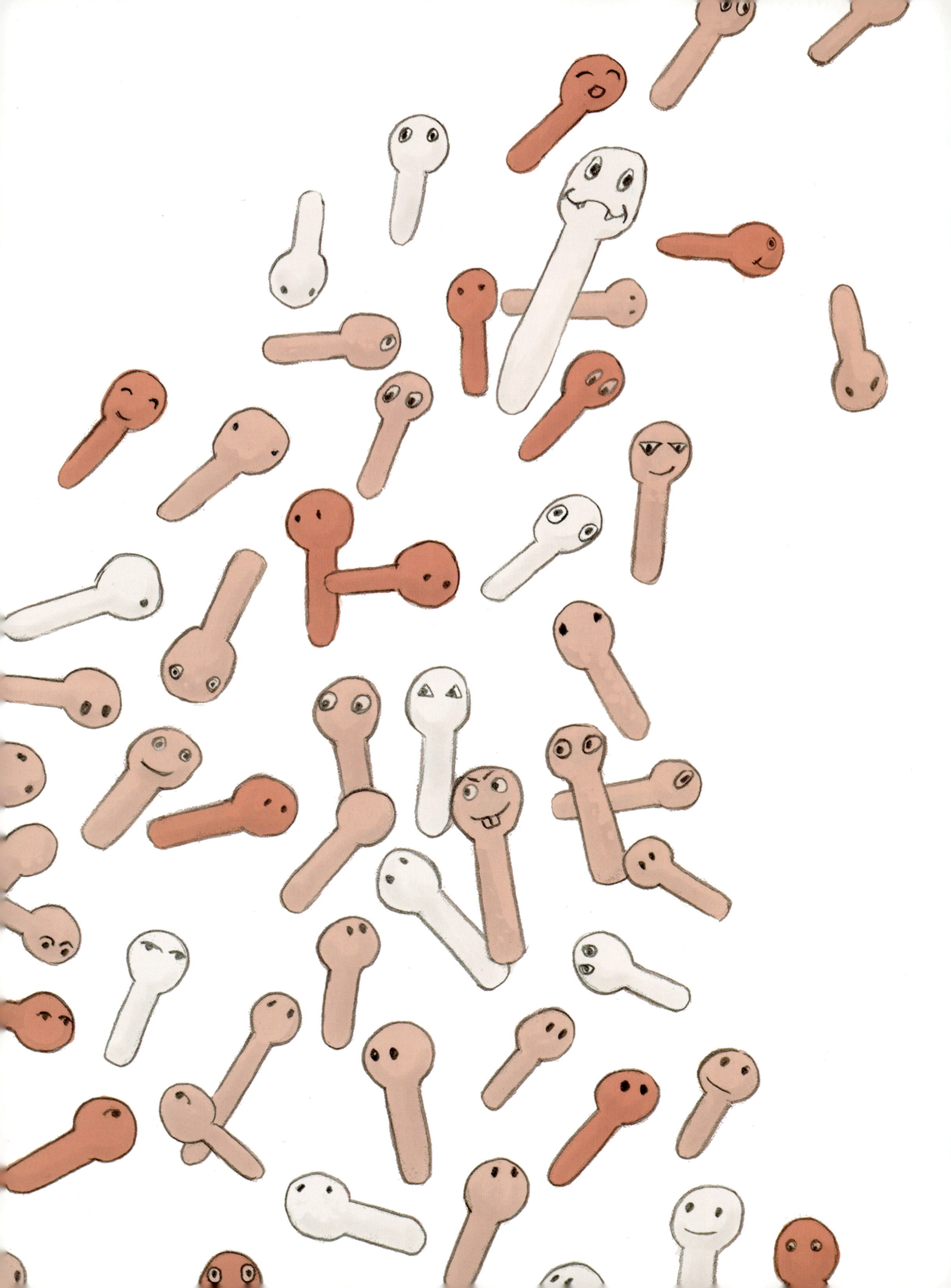

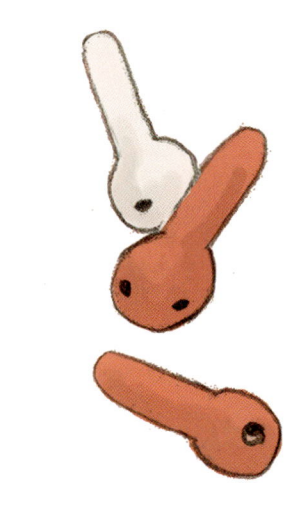

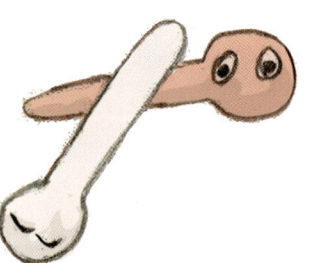

Germ Stories

ミクロの世界の仲間たち

微生物のふしぎなおはなし

著／アーサー・コーンバーグ

イラスト／アダム・アラニッツ
写真／ロベルト・コルター
訳／宮島郁子　監修／新井賢一

羊土社

Germ Stories
By Arthur Kornberg

Copyright © 2007 by University Science Books

University Science Books
www.uscibooks.com

Order information:
 Phone: 703-661-1572
 Fax: 703-661-1501

Photographs are reproduced with permission
from the American Society for Microbiology.

Reproduction or translation of any part of this work
beyond that permitted by Section 107 or 108 of the 1976
United States Copyright Act without the permission of
the copyright owner is unlawful. Requests for permission
or further information should be addressed to the
Permissions Department, University Science Books.

Library of Congress Cataloging-in-Publication Data
Kornberg, Arthur, 1918–2007
  Germ stories / Arthur Kornberg ;
illustrations by Adam Alaniz ;
photography by Roberto Kolter.

Japanese language edition published
by Yodosha Co. Ltd., Tokyo
Printed in Japan.

To all, young and old,
who adore "the little beasties"

この、ちっぽけではあるけれど大きな力をもつ、
「目に見えない小さな生き物」に関心があるすべての人たちへ

もくじ

はじめに
9 ページ

目に見えない小さな生き物、微生物
13 ページ

おいしいものにはご用心
黄色ブドウ球菌：食中毒
17 ページ

忍び寄る魔の手
チフス菌：腸チフス（チフス熱）
23 ページ

油断大敵
破傷風菌：破傷風
29 ページ

お役にたちます！
出芽酵母
35 ページ

風邪は万病のもと
肺炎連鎖球菌：肺炎
41 ページ

食うか食われるか
粘液細菌
47 ページ

身中の虫
ピロリ菌：胃潰瘍
51 ページ

カビが細菌をやっつける
アオカビ：最初の抗生物質ペニシリン
55 ページ

ワクチンで予防
ポリオウイルス：ポリオ（急性灰白髄炎）
61 ページ

からだを微生物から守れない
ヒト免疫不全ウイルス（HIV）：エイズ（AIDS）
67 ページ

からだのなかから健康維持
腸内細菌叢
73 ページ

用語解説
77 ページ

写真・イラストについて
83 ページ

著者について
84 ページ

監修者あとがき
85 ページ

訳者あとがき
86 ページ

＊**大人の読者の方へ**
77～80 ページに、本文中に出てくる生物学の用語（＊マークがついています）の解説があります。

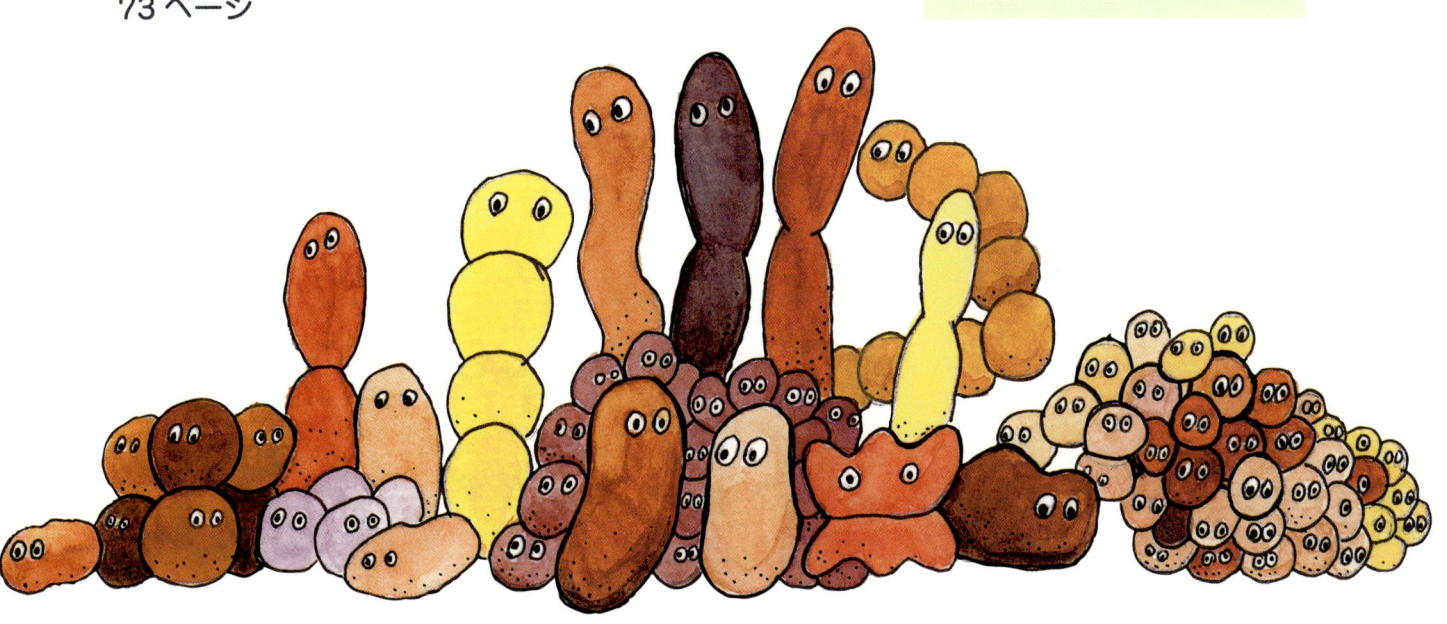

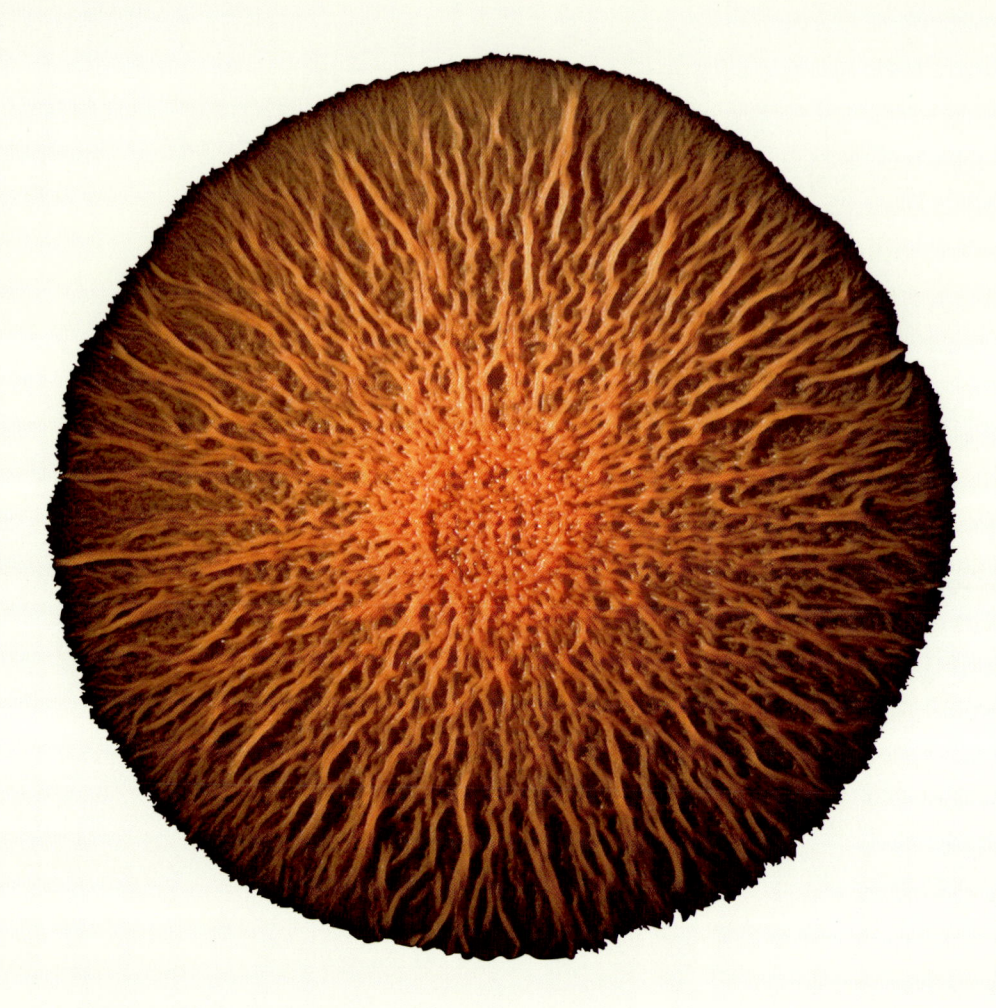

芽胞を形成する枯草菌（*Bacillus subtilis*；バチルス・スブチリス）のコロニー

マイナスドライバーの先端部の幅は枯草菌のコロニー10,583個分の大きさとほとんど同じです。

はじめに

　今から 50 年以上も前、幼い 3 人の息子を寝かしつけるときに、私はちょっと風変わりな話をしたものでした。それは、肉眼では見ることのできない小さな生き物、微生物の話で、医師養成過程の臨床実習で学んだこと、ワシントン大学に教授として赴任する際にそれまでの旧態依然とした医学部細菌学研究室を特に病原菌に重点を置くよう刷新を試みたときのこと、また、かの有名な、カリフォルニア州パシフィックグローブにあるスタンフォード大学ホプキンス海洋研究所で行われたヴァン・ニール（C. B. van Niel）の微生物学特別講義で見聞きしたことといった、私の経験をもとにしたものでした。登場するのは、役に立つ「ちっぽけな生き物」だけで、病原菌のことはいっさい触れませんでした。

　それから何年もが過ぎ去り、8 人の孫たち（ザック、ジェシカ、ソフィー、ギリ、ガイ、ロス、ゾーイ、マヤ）と旅行する機会に恵まれる頃になって、あの「目に見えない小さな生き物のおはなし」を孫たちにしてほしいと息子たちに頼まれるようになりました。私は、孫たちのためにそのような「おはなし」を新しく紡ぎだすよりも、「おはなし」を子供が読みやすく楽しめる韻を踏んだ詩にし、孫たち一人ひとりを「おはなし」の主人公にしました。

　この「おはなし」を書いたのは 10 年以上前で、親しい友人や家族だけがその存在を知っていたのですが、このたび University Science Books 社のブルース・アームブラスター（Bruce Armbruster）の目にとまり、出版の運びとなりました。そして出版に際して、新たに 3 つの詩を付け加えることになりました。1 つは、太古の昔から、そしていまだにヒトの胃に棲みついているピロリ菌に関するものです。もう 1 つは、他の細菌に侵入して食いつくす捕食性細菌である粘液細菌についてです。最後は、ヒトの腸内に住みついている、人体の総細胞数を上回る数の細菌が集団となっている腸内細菌叢について説明するものです。そして、エイズの「おはなし」の最後の文章を修正しました。科学の進歩がもたらす恩恵のおかげで、現在の医療現場ではエイズは不治の病ではなくコントロール可能な疾患となっています。「おはなし」をよい方向で終えることができるのは喜ばしいことです。

　この本の編集は、ブルースと、Wilsted and Taylor 社のスタッフ、特にクリスティン・テイラー（Christine Taylor）とメロディ・ラチーナ（Melody Lacina）、イラストレーションはアダム・アラニッツ（Adam Alaniz）、写真はロベルト・コルター（Roberto Kolter）、各人のご尽力によるものです。厚くお礼申し上げます。

アーサー・コーンバーグ
（Arthur Kornberg）

Germ Stories
ミクロの世界の仲間たち
微生物のふしぎなおはなし

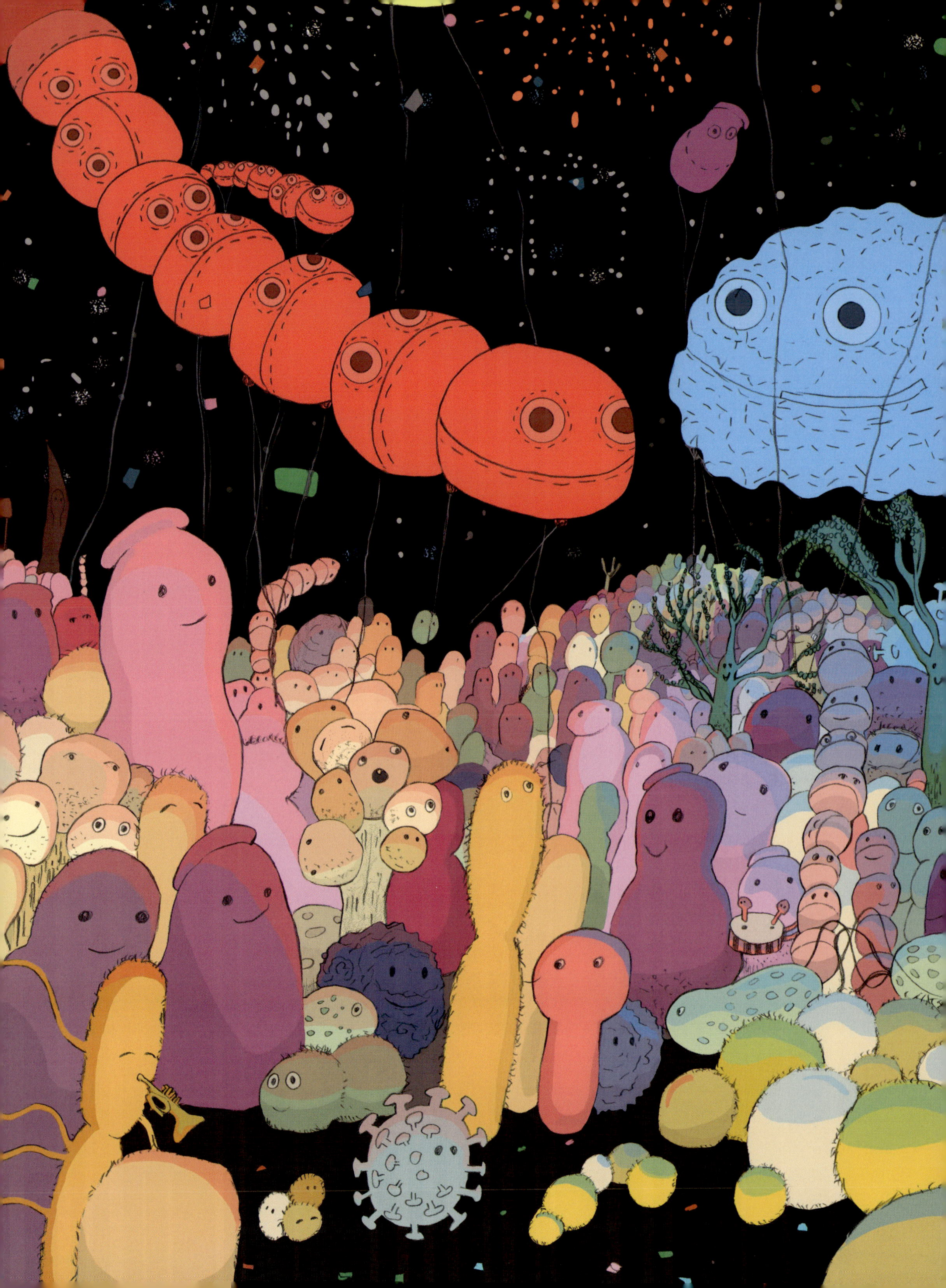

目に見えない小さな生き物、微生物

微生物とは、おそらく
あなたのまわりの生き物のなかで一番奇妙な生き物です。

足もなければ、ひれもなく、目も口もありません。
とても小さな、小さな生き物です。

あまりに小さくてわたしたちは目で見ることができません。
「いったいどれだけ小さいの？」

ザック、ここに、小さな点のようなもの、
たとえば砂粒があると考えてみます。

この砂粒をもっと小さく、
たとえば1,000分の1に砕いてみましょう。

砂粒の1,000分の1の大きさのなかに、
数千もの微生物をつめこむことができます。

といってもぎゅうぎゅうづめではなく、微生物は、泳いだり、動きまわったり、
向きを変えたり、くねりながら進んだりしています。

どんなものか、見たいでしょう？
「どこにいるの？　どうすれば見つかるの？」

どこにでもいます。土のなかにも、空気中にも。
皮膚にだって、爪や髪にだっています。

歯のあいだのネバネバや靴についた土を、
きれいなスライドガラスに載せて
顕微鏡＊で大きくして見てみましょう。

レンズを通してそっとのぞくと、光のなかに、
見たことのない世界があらわれます。
なんて奇妙な眺めなのでしょう。

棒のようなものや、短いのやら長いのが
じっとして動かないもののあいだをぬうように動いて、
すばやく出たり入ったりしています。

やせているのも、太っているのも、
まんまるのものもいます。
一匹がぽつんといたり、たくさん集まっていたりします。

「わあ！　けむくじゃらが泳いでいるよ！
それに、くねくね動くヘビのようなものもいる！」

「この動いているものはぼくの体のなかにもいるの？
犬や猫にも？　魚にはどうかな？　木にもいるの？」

そうです、ザック。そのとおり！
キミのおなかのなかにも、動物園のようにいろいろな微生物がいます。

役にたつ、じつにいい微生物もいますし、
悪さをする病害微生物もいます。

**これから、そんないい微生物と悪い微生物のおはなしをします。
お楽しみに！**

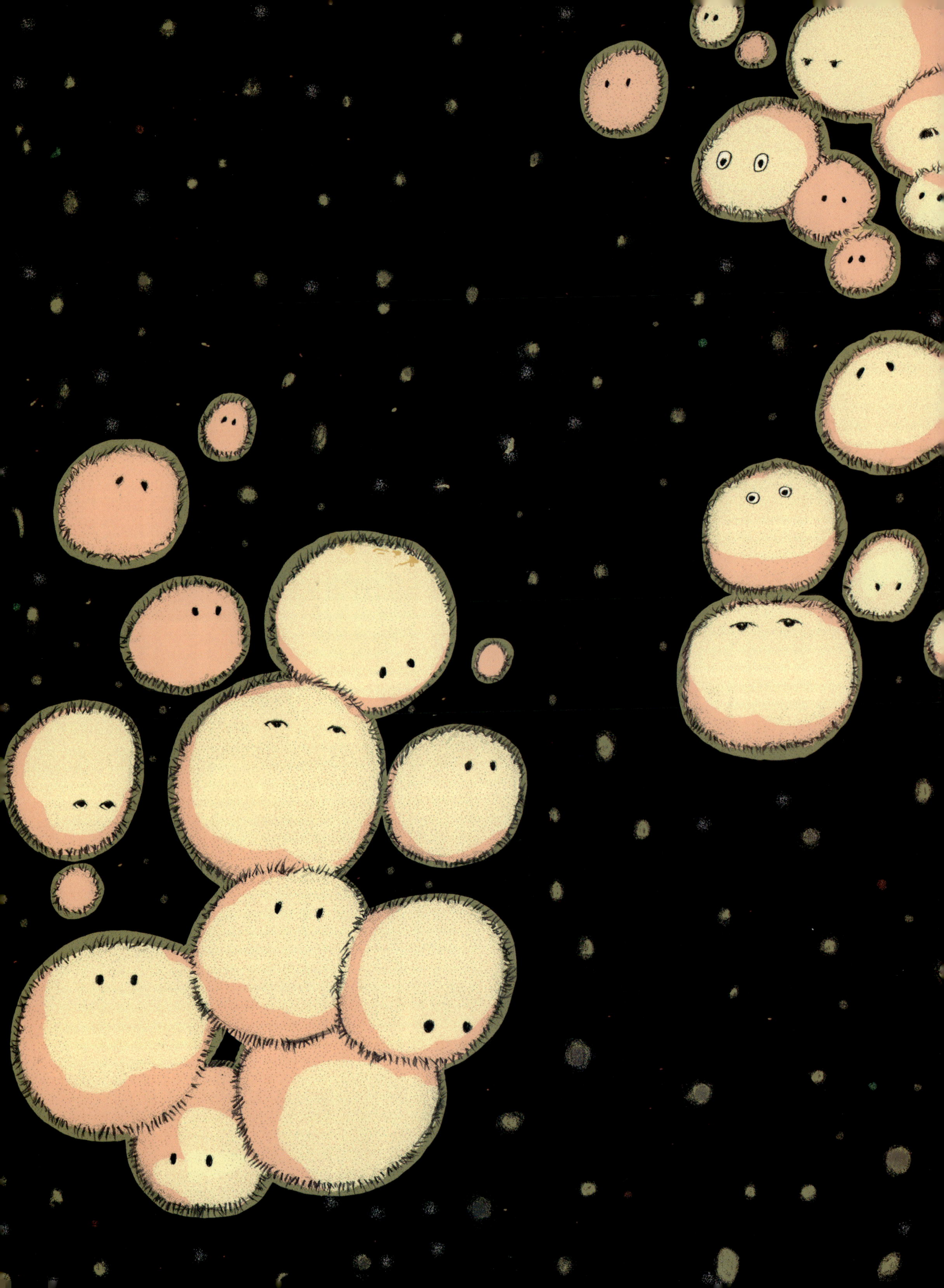

おいしいものにはご用心

黄色ブドウ球菌：食中毒

黄色ブドウ球菌*は手や髪についています。
鼻のなかにもいます――どこにでもいるのです。

肌をひっかくと、するりと体のなかに入ってどんどん増えます。
何百万もの細菌*が、すこぶる元気に育ちます。

しかし、わたしたちの体の細胞*と、
細胞がつくりだすタンパク質*からできた抗体*は、いともたやすく
このような侵入者を退治できるのです。

侵入者である細菌は人体が用意した防衛軍にとりかこまれると、
まもなくいなくなってしまいます。戦いの勝ち負けはすぐにつきます。

とあるとき、黄色ブドウ球菌がパン職人の手からすべり落ち、
ふたたび侵略を開始しました。

今度は、その日に焼いたばかりの
ほかほかのカスタードパイのなかにこっそりと。

パイのなかで黄色ブドウ球菌はどんどん増え、
腹痛をひきおこす毒素*（エンテロトキシン；腸管毒素）を吐きだしました。

そこに、学校からジェシカが帰ってきました。
おいしそうなパイを見て、食べたくてたまらなくなりました。

夕ごはんまでとても待てなかったので、
パイをつぎつぎと食べました。

ぱくぱく、ぱくぱく、おなかいっぱい食べてしまいました。
あまりにもパイがおいしくて、やめられなかったのです。

その夜おそく、ジェシカがベッドで寝ていると、
おなかが痛くなりました。頭も痛くなってきました。

何度も何度も、トイレへ走りこむはめになりました。
たいへんです。

「ママ、助けて！ 熱いし、寒いよ。お部屋がぐるぐる回ってるの」
「まあジェシカ、どうしたの？」

「ジェイコブス先生、すぐにおこしいただけませんか。
ジェシカのぐあいがひどく悪いのです」

医者は言いました。
「たぶん、食中毒でしょう」

「いそいで病院に来てください。入院して、点滴に注射、
そしてじゅうぶんな看護を受ける必要があります」

数日たって、ジェシカは回復しはじめ、
旺盛な食欲も戻ってきました。

ひとつ確かなことは、
カスタードパイが悪さをしたわけではまったくないことです。

さあこれで、わかりましたね。
食べ物に手を触れるときには、まず手を洗いましょう。
手についている細菌を落とすためです。

【黄色ブドウ球菌】

学　名：*Staphylococcus aureus*
読み方：スタフィロコッカス・アウレウス*

球形をした細菌で、皮膚や粘膜の表面によく見られます。黄色ブドウ球菌は赤血球を溶かす毒素（溶血毒素）を産生するため、血液がふくまれた培地で培養すると、この写真のように、コロニー*のまわりに透明な領域［ハロー（halo）；溶血斑］ができます。

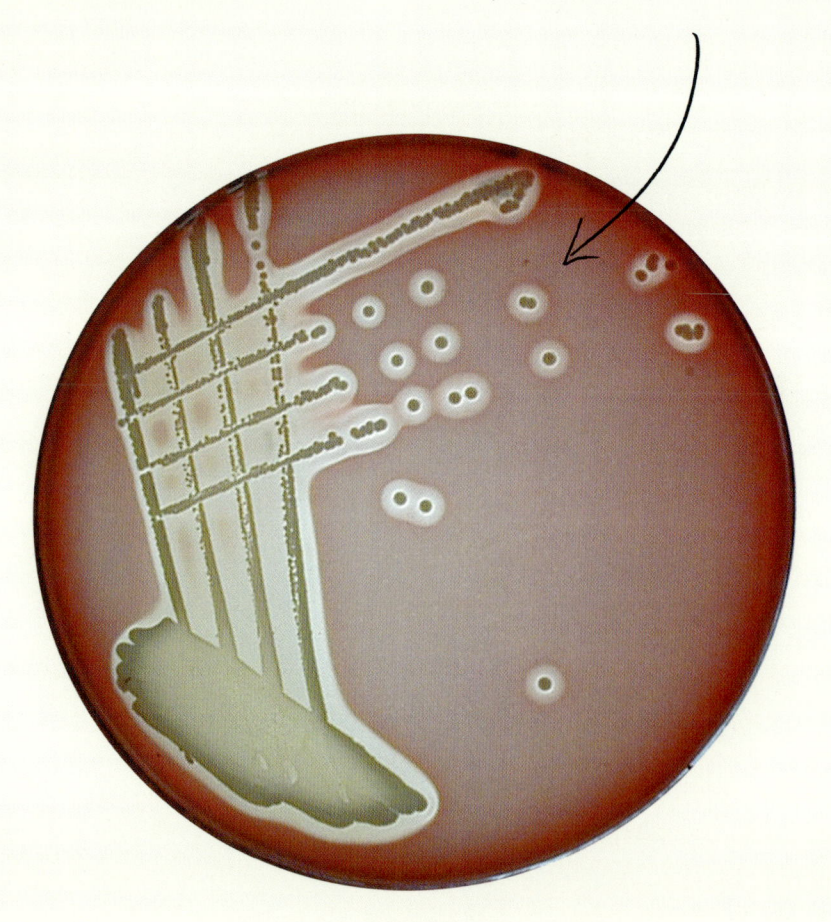

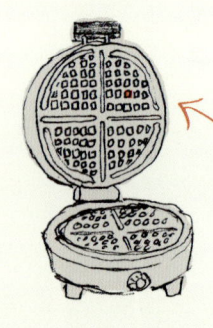

焼き菓子のワッフルを焼くための型のくぼみの一つに、黄色ブドウ球菌のおよそ 22,473,516,200 個のコロニーが収まります。

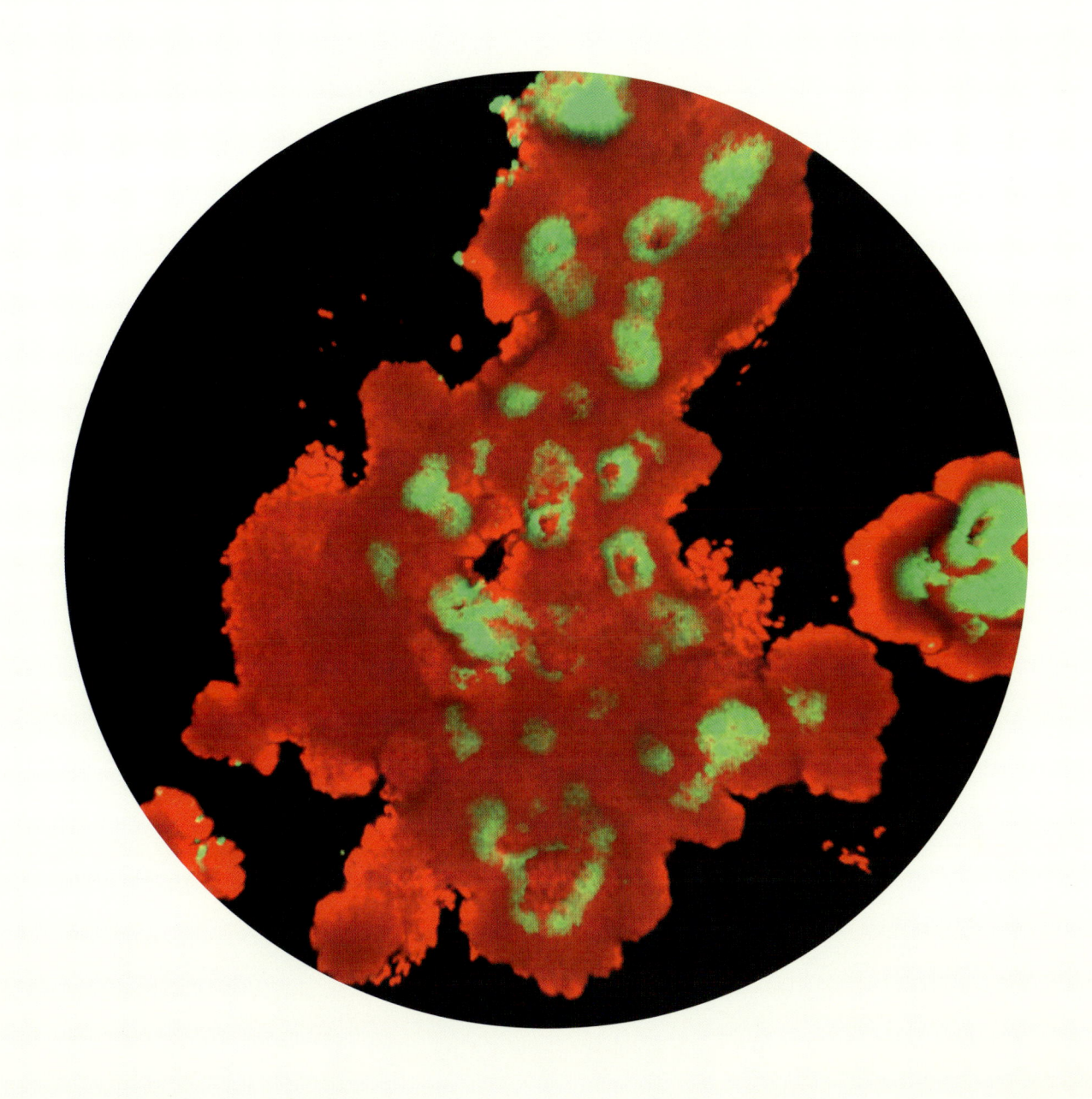

黄色ブドウ球菌がバイオフィルム*の表面で増殖しているようす。ブドウの房のように連なった菌で、そのコロニーは黄金色に見えます。人体に侵入して重症の感染症をひきおこす毒素を産生します。

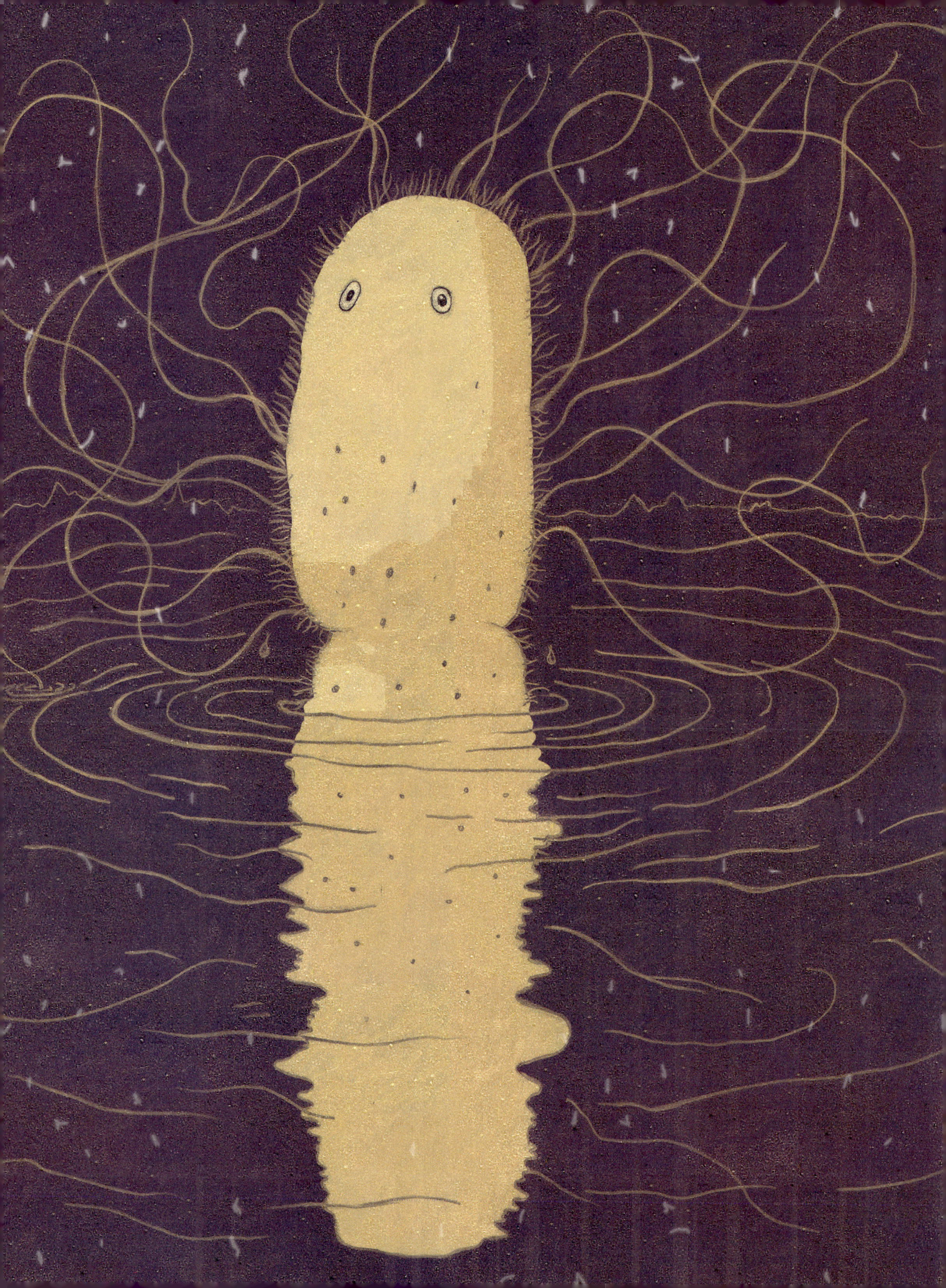

忍び寄る魔の手

チフス菌：腸チフス（チフス熱）

「まあソフィー、一口も食べていないじゃないの」
「ごめんなさい、ママ。食べたくないの」

「もう寝なさい。ぐったりしているし、顔色が悪いわ」
「おなかが痛いの。頭も痛いの」

翌朝、ソフィーは震えていました。
「おなかをおさえると痛いの。だからさわらないで！」

体温は 40℃。
体じゅうにたくさんの赤い斑点がでていました。

ソフィーが何の病気にかかったのか、はっきりしませんでした。
医者はむずかしい顔をしました。

そして救急車をあわただしく手配し、
検査や看護、投薬のために病院にむかわせました。

検査の結果、ソフィーを苦しめていた菌がはっきりしました。
チフス菌* でした。

ソフィーは、腸チフスで何週間もひどいめにあいましたが、
抗生物質＊のおかげで治りました。

「いったいどこから、チフス菌はやって来たの？
わたしには見えない遠いところから？」

「ソフィー、思いだしてみてちょうだい。
いつもとちがうものを食べたり、飲んだりしなかった？」

ソフィーはすこし考えて、頭をかきました。
何か心あたりがあるのでしょうか？　どこを歩いていたのでしょう？

「あのね、何日か前にね、
疲れていて、のどがかわいて、それにとっても暑かったの」

「学校の帰り道にある小川の、
そう、あの小川の水が澄んでいて、きれいで、冷たそうだったの」

「一口飲んだら、本当においしかったから、
飲めるだけ飲んじゃった」

ソフィーと母親は、小川を見つけました。
小川の流れをたどっていくと、丘の上に一軒の家がありました。

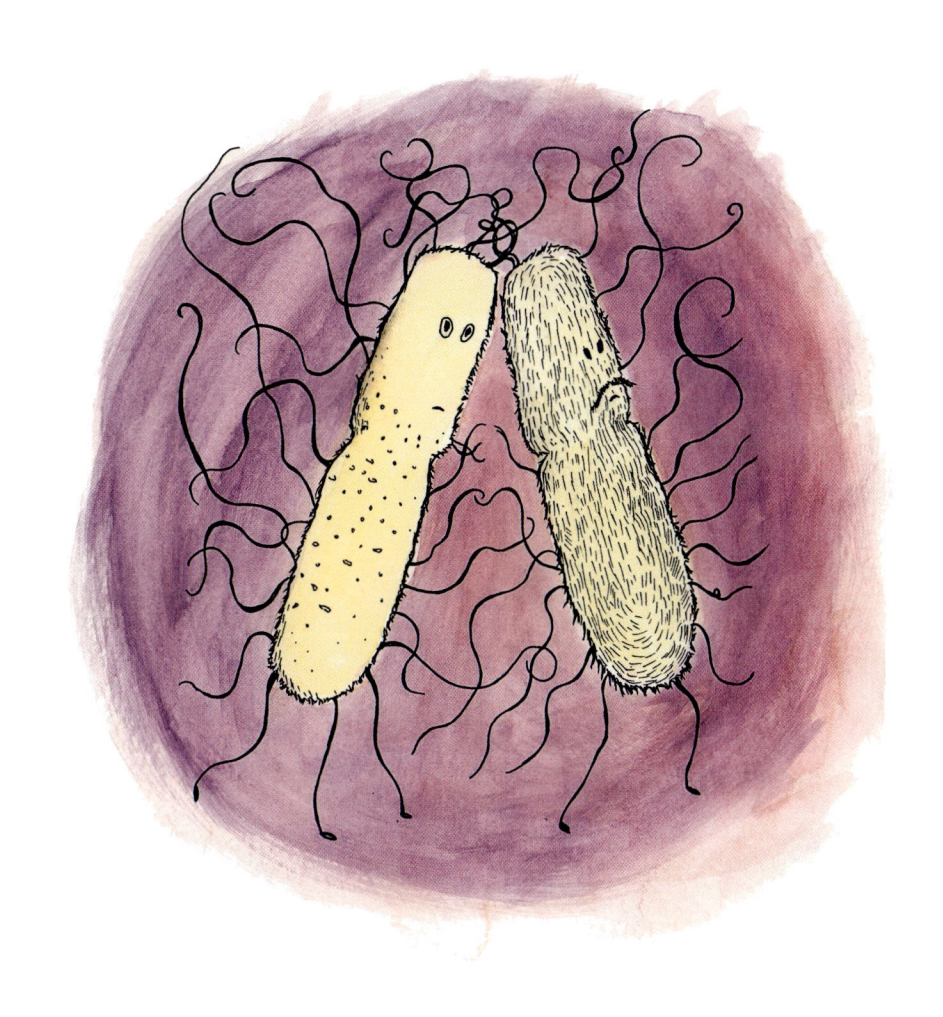

そこに住む女の人は腸チフスにかかりましたが、
完全に治ってはいませんでした。

体のなかで生きていたチフス菌は、
下水管の水もれの流れに乗って、小川にたどりついたのです。

外出先での食べ物や飲み物には気をつけてください。
悪い細菌がウヨウヨしている可能性があります。

チフス菌保菌者* のみなさんへ：完全に治しましょう。
そして下水管にもれがないか、確認してください。

ヒトの細胞のなかに、数個の**チフス菌**の細胞（緑色）が生き残っているようすを示しています。

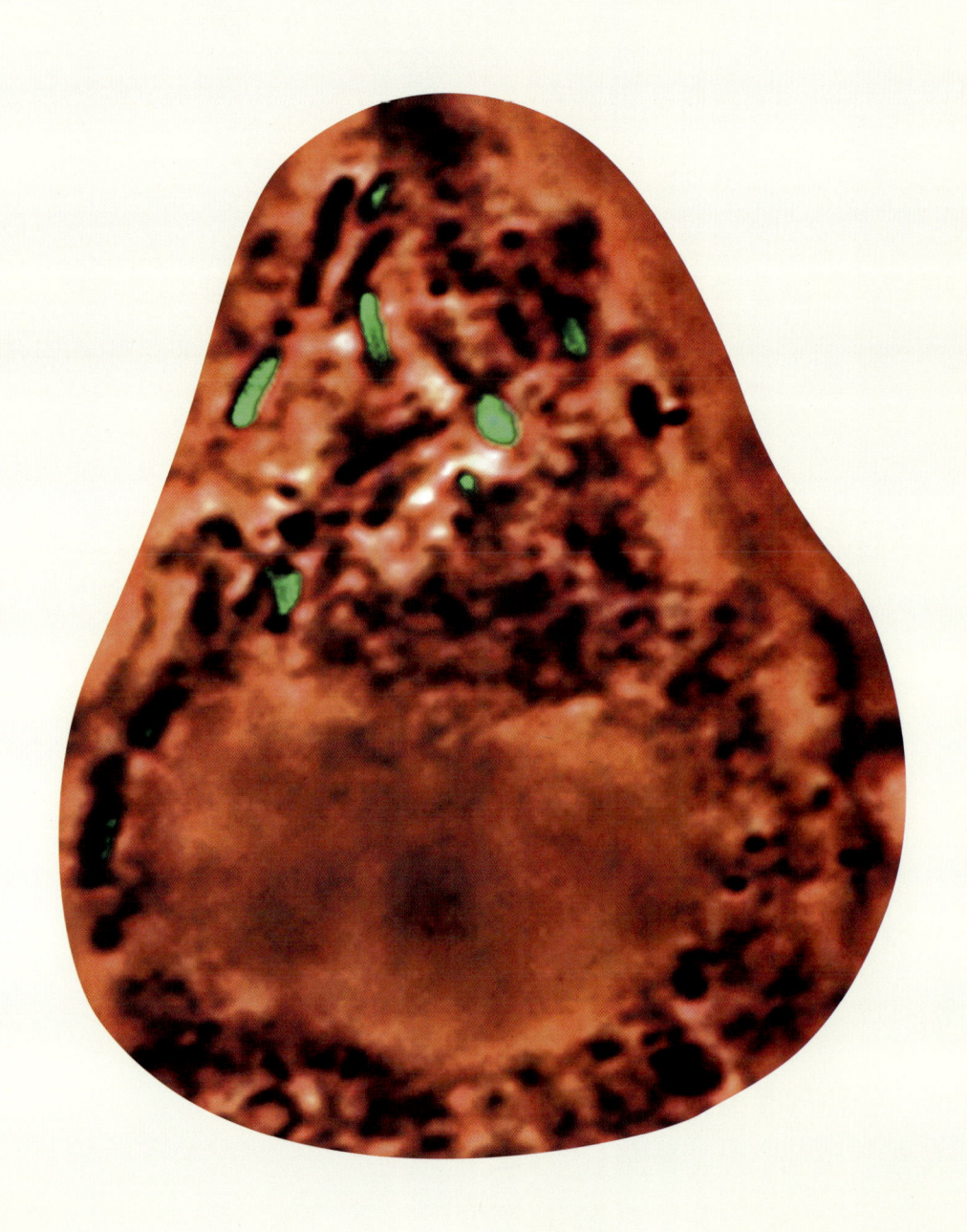

【腸チフス菌】

学　名：*Salmonella typhi*
読み方：サルモネラ・タイフィ*

棒のような形をした細菌（桿状菌*）で、腸に常在する細菌の仲間です。この菌が産生する毒素は血流に入り、腸チフスをおこします。下の写真は、栄養寒天培地*上に増殖したチフス菌です。

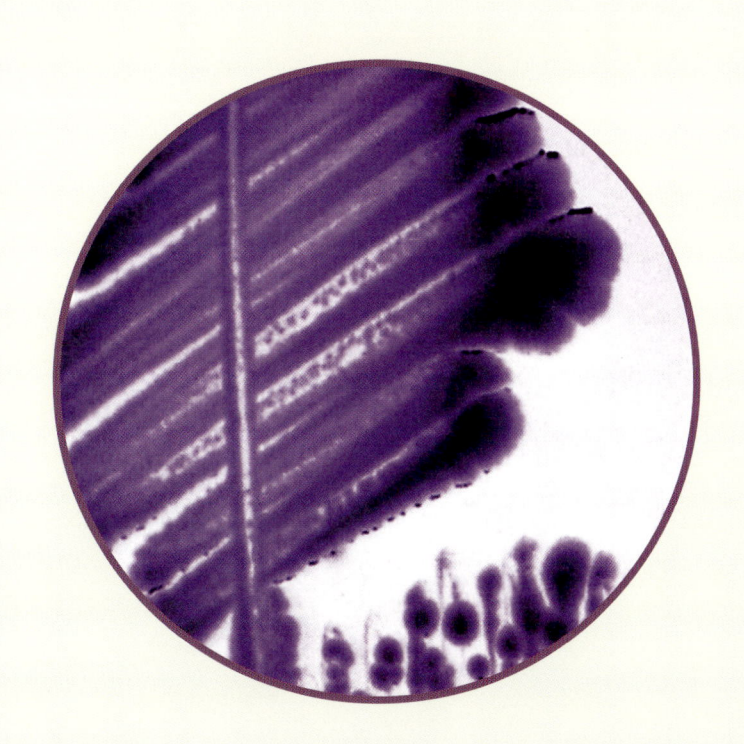

1セント硬貨は、チフス菌の283,515,560個分ぐらいの大きさです。

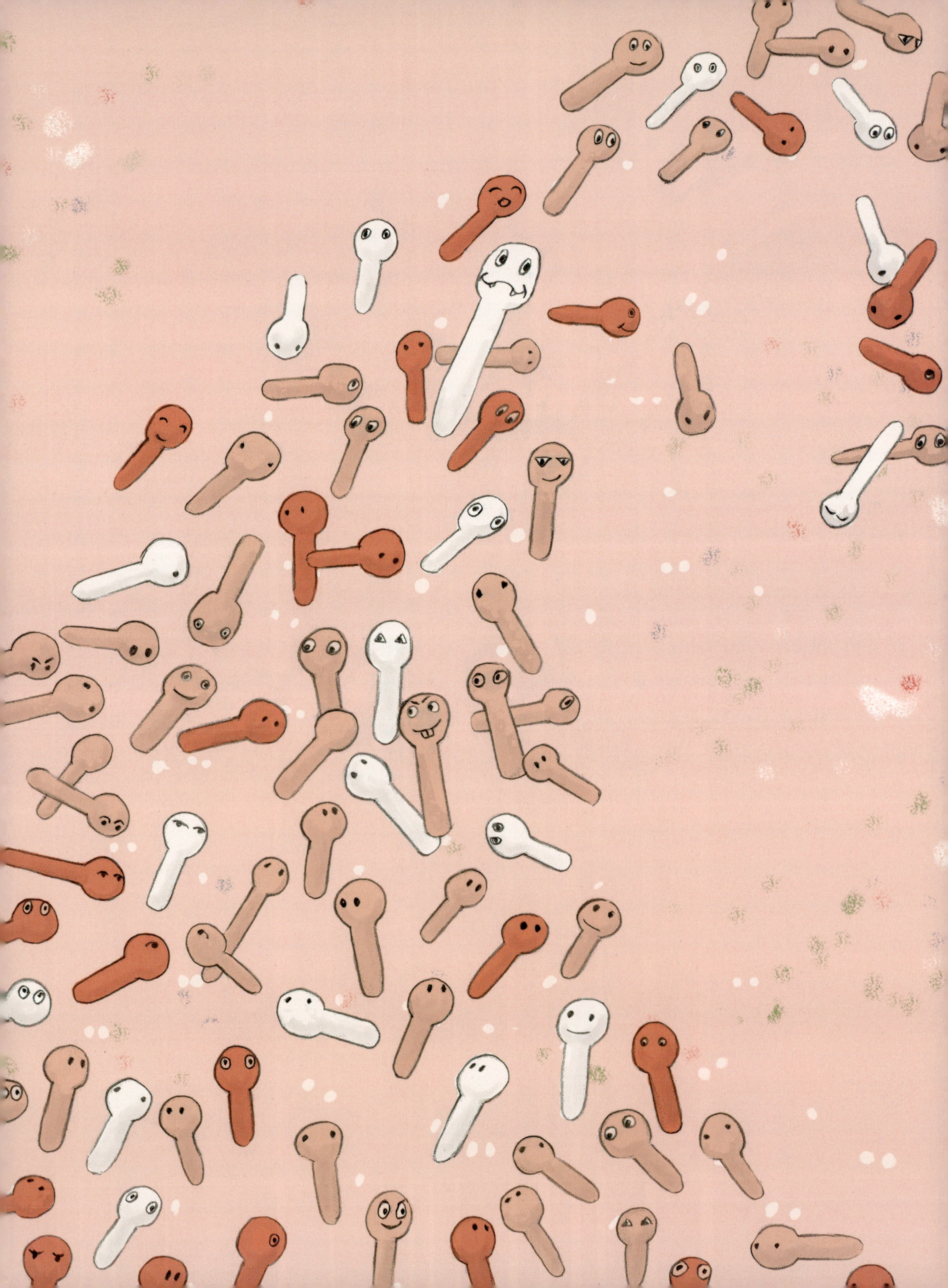

油断大敵
破傷風菌：破傷風

破傷風菌*は殻*とよばれる厚いコートにおおわれて、
何年ものあいだ、地面でうたた寝をしています。

この芽胞*は、ぐつぐつとゆでられても、カチンカチンに凍っても平気です。
うとうとしていても、外からの刺激に負けません。

運がよければ、
ストレスのない居心地のよい場所に近づくことがあるでしょう。

すると、殻がはらりとおちます。
その場所が湿っており、栄養分があれば、
ふたたび破傷風菌となり、増殖を開始します。

あるとき、ギリはクギをふんでしまいました。
うたた寝していた芽胞が快適な場所を見つけたのです。

ちょっとした刺し傷、皮膚の割れめ――
おそろしい病気はここからはじまります。

ギリのかかとのなかで、しずかにしずかに、
破傷風菌は行動をはじめます。

目をさまし、厚い殻をぬぎすてました。
最初は二つに、そしてどんどん分裂して数を増やしていきました。

すさまじいはやさで増殖するので、
一日のうちに何百万もの数になります。

菌が放出する猛毒は
体じゅうをめぐります。

ギリは一晩じゅう泣きさけびました。
朝になると、口が開けにくくなっていました。

筋肉があまりにこわばって、ギリは歩けません。
食べ物を飲みこむことも、話すこともできません。

急いで病院にかけつけました。
医者はギリを見て、すぐにこう言いました。

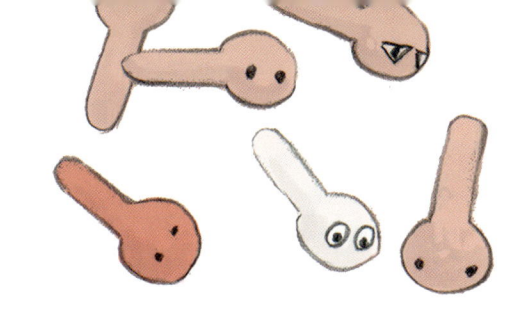

「破傷風です。
この菌の毒素はたいへん危険です」

「人工呼吸器で呼吸ができるようにしたうえで、
二種類の薬で治療します」

「毒素の効果をなくす抗毒素＊で、けいれんがおこらないようにし、
抗生物質で、菌をたたきのめします」

抗毒素が毒素にくっついてその働きを抑えると、
ギリの筋肉のこわばりがなくなりました。

抗生物質が菌の細胞壁＊をつくれないようにすると、
すごいいきおいだった増殖がとまりました。

**ギリは健康な子供で、病気に打ち勝つ力をもっているはずですが、
戦いに負けてしまうこともあるのです。**

**破傷風菌の予防接種をしていたとしても、
追加接種は、思わぬけがをしたときに大いに力を発揮します。**

32

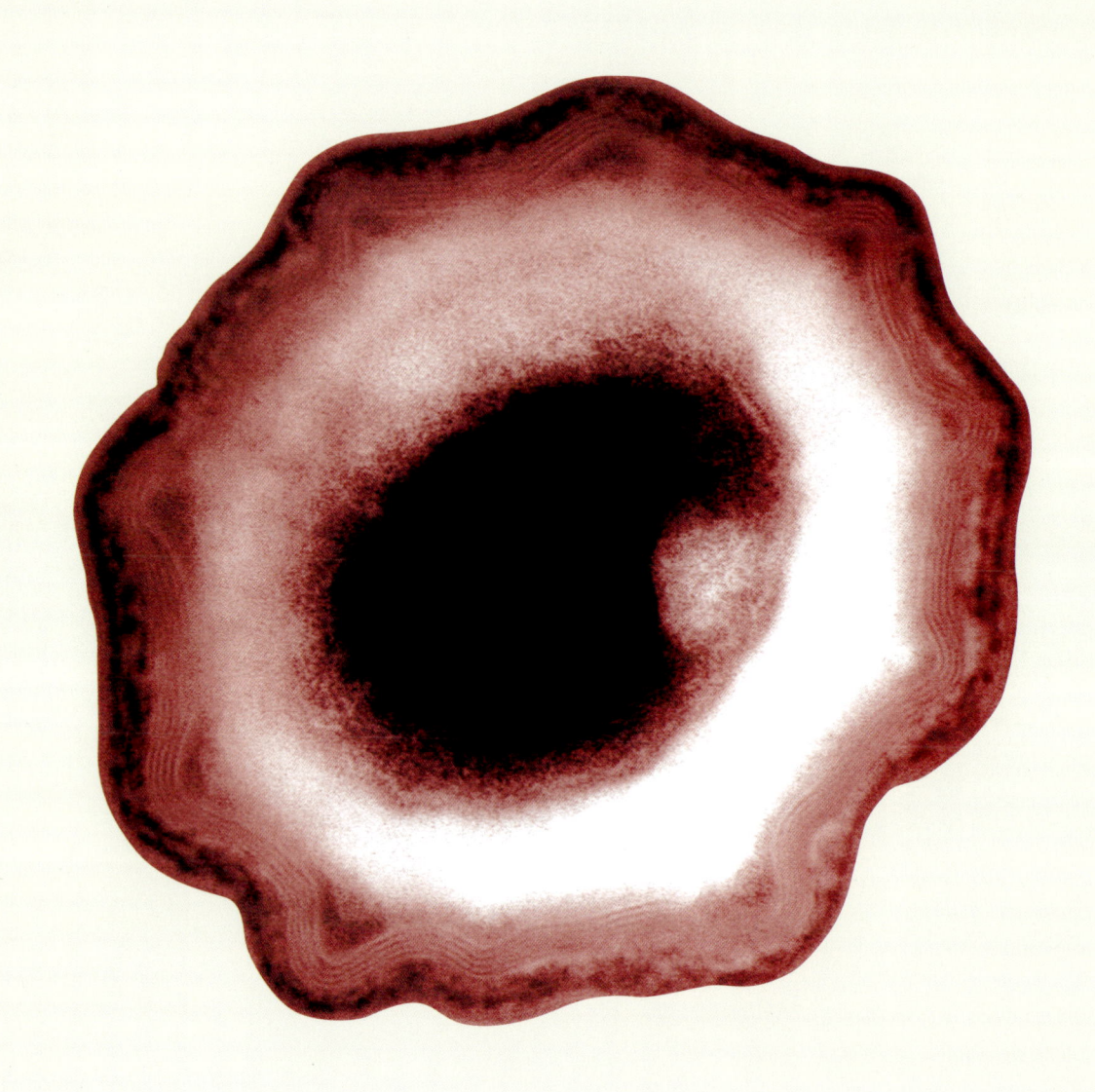

【破傷風菌】

学　名：*Clostridium tetani*
読み方：クロストリジウム・テタニ*

棒のような形をした細菌（桿状菌）で、芽胞となって環境変化に左右されない休眠*状態に入ります。傷口から侵入した芽胞は発芽し、ふたたび細菌となり、腕や脚、横隔膜、そして顎にひどい筋肉の収縮をおこす毒素を放出します。左ページの電子顕微鏡写真*では、休眠中の芽胞が何枚もの層におおわれていることがわかります。

[訳注：破傷風菌では、芽胞が菌の一方の端にできます。そのため破傷風菌の芽胞は、顕微鏡で見ると太鼓のバチのような形をしています。28、30、31ページのイラストを見てください。]

画鋲の先端に、44,000個以上の破傷風菌の芽胞がついています。気をつけてくださいね。

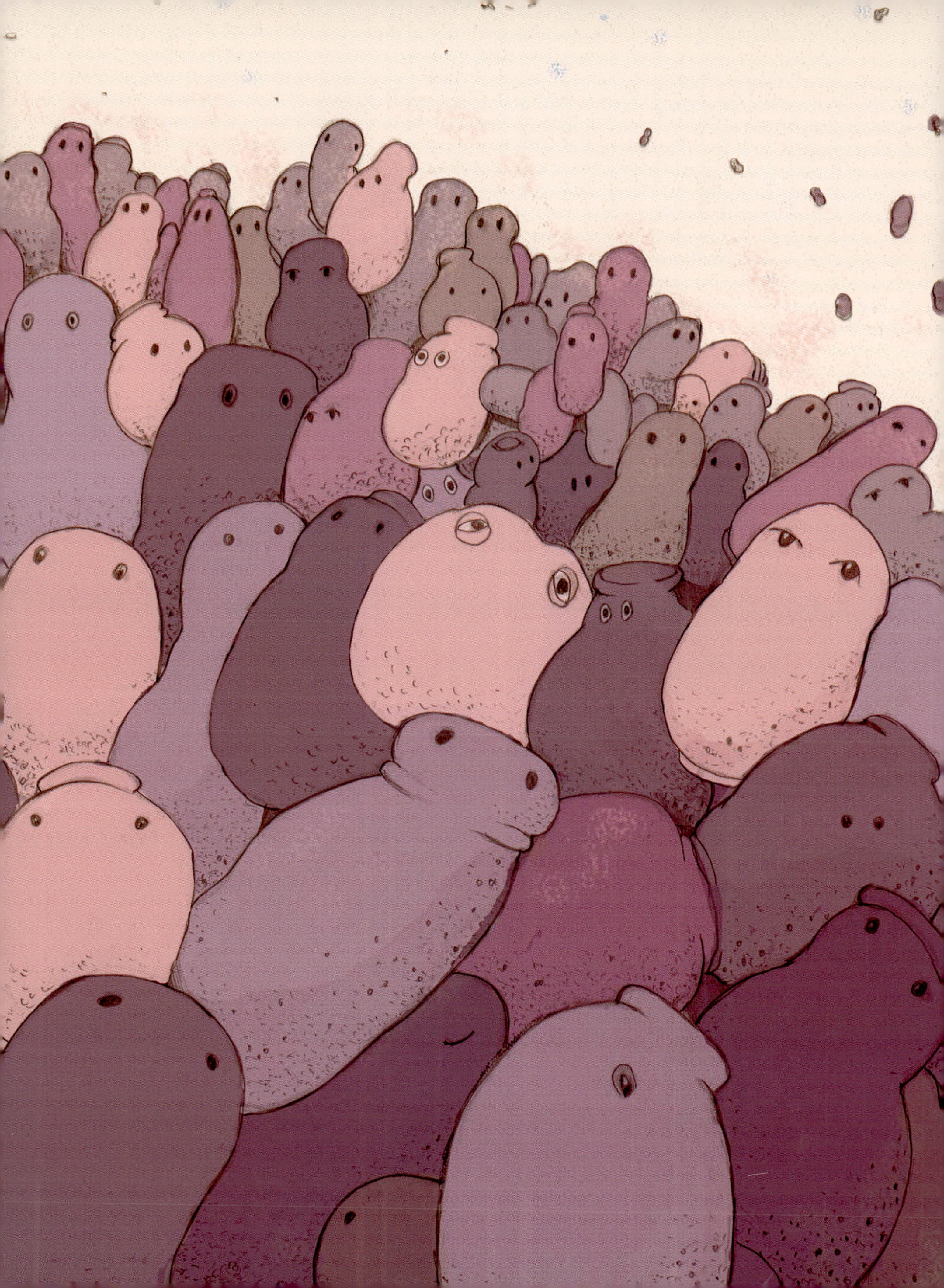

お役にたちます！
出芽酵母

ガイ、今日は人類がむかしからさまざまに利用していた微生物、
出芽酵母*の話をします。

いろいろな理由ですごくいいヤツです。
いつでもどこでもお役にたちます。

酵母を使って、ワインをぶどうから、
ビールを大麦からつくります。

パン生地を大きくふくらませる気泡は、
グラスの底からプツプツと、しずかにわきあがるシャンパンの
細かい泡と同じです。

こういった酵母の働きは、千年ものあいだ謎とされていましたが、
現在では化学反応として明らかになっています。

ぶどうや大麦のしぼり汁に含まれる糖から、
二種類の分子*をつくりだします。

一つはアルコールで、
飲めば不老不死となる、万能薬とされています。

もう一つは二酸化炭素（CO_2）で、
これが泡のもとです。

「なぜ、こんなことがおこるの？」
もちろん、酵母菌*がもっている酵素*の仕事です。

酵素は、細胞のなかで化学者のようにふるまいます。
このような作業は得意中の得意なのです。

パンを焼くにはほんの少量、ビールづくりには大量の、
酵母菌（イースト）を使います。

「イーストは何のために、アルコールとあの泡をわざわざつくるの？」
とガイが聞きました。

酵母菌は糖を分解することで、ATP（エーティーピー）* として
体のなかにたくわえることができるエネルギーをつくります。

「ATPって何？」とガイがまた聞きます。
細胞はこれを使って成長し、どんどん増えていきます。

酵母菌の細胞からは小さな芽がでてきます（出芽）。
そしてATPがあるかぎり、出芽しつづけ、増殖します。

「細胞って何なの？　どうやってごはんを食べるの？
口とか歯はあるの？」

いえいえ、酵母はつるんとしたボールのような形の、
とても小さな、一個の細胞からできた菌です。

食べ物（栄養分）は細胞壁からとりこまれ、
細胞内の酵素によって消化（代謝）されます。

**植物、動物、それにヒトの細胞は、
数も種類も、本当にさまざまです。**

**ところが本質的には、
ヒト、酵母、動物の細胞はほとんど同じです。**

この電子顕微鏡写真は栄養分のほとんどない状態の
酵母細胞のもので、ふだん栄養分がたくわえられて
いるコンパートメント（小胞*）が見えます。

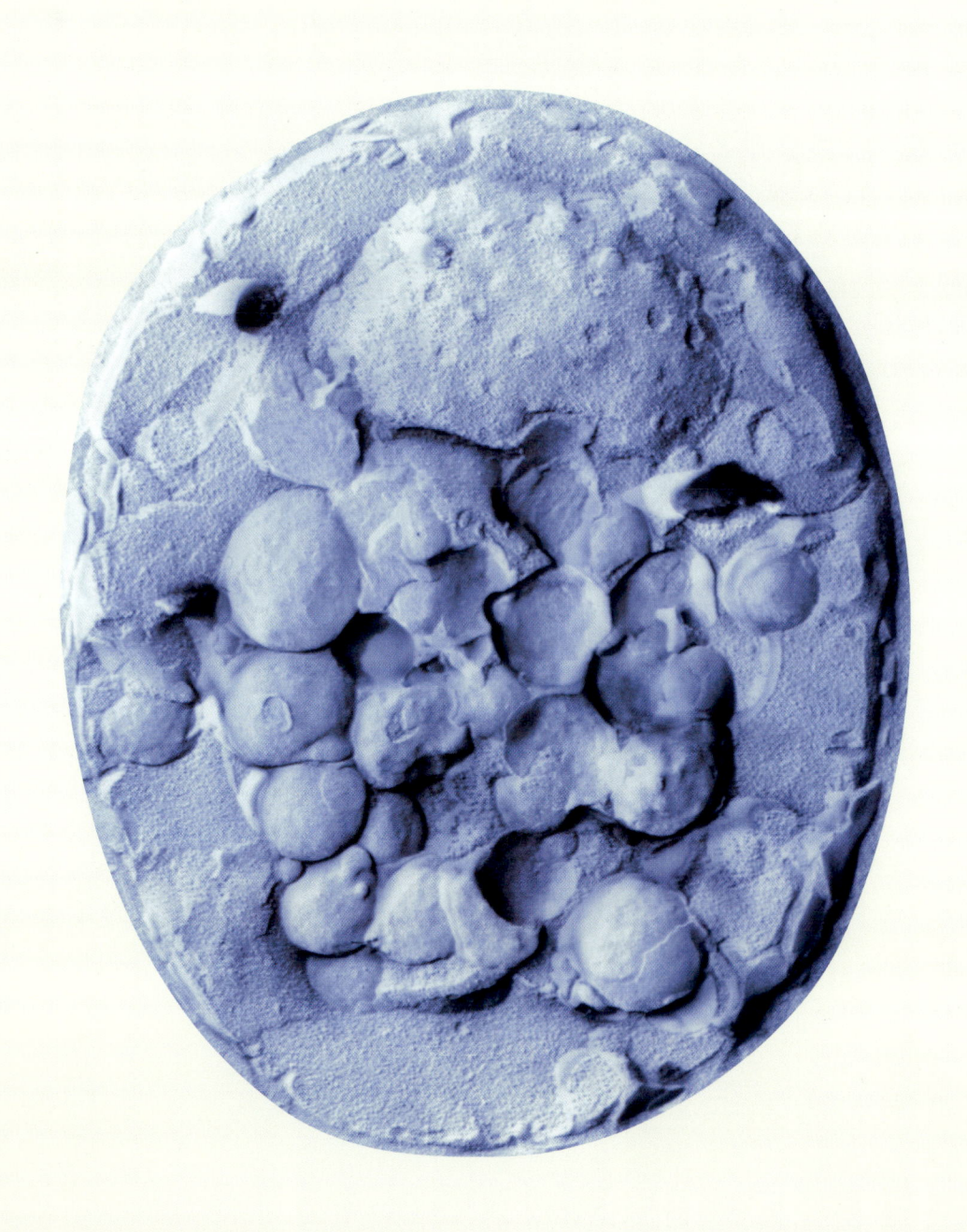

【出芽酵母】

学　名：*Saccharomyces cerevisiae*
読み方：サッカロマイセス・セレビシアエ*

果物の皮や土壌で、またヒトの皮膚でも見つかる酵母菌の一つ。製パンや醸造に広く使われています。下の写真は、出芽酵母のコロニーが固い寒天培地上でとる植物の茎のような構造を示しています。

鼻の穴を酵母細胞でいっぱいにするには、少なくとも8,000,000,000,000（8兆）個必要です。
あまり想像したくないですね。

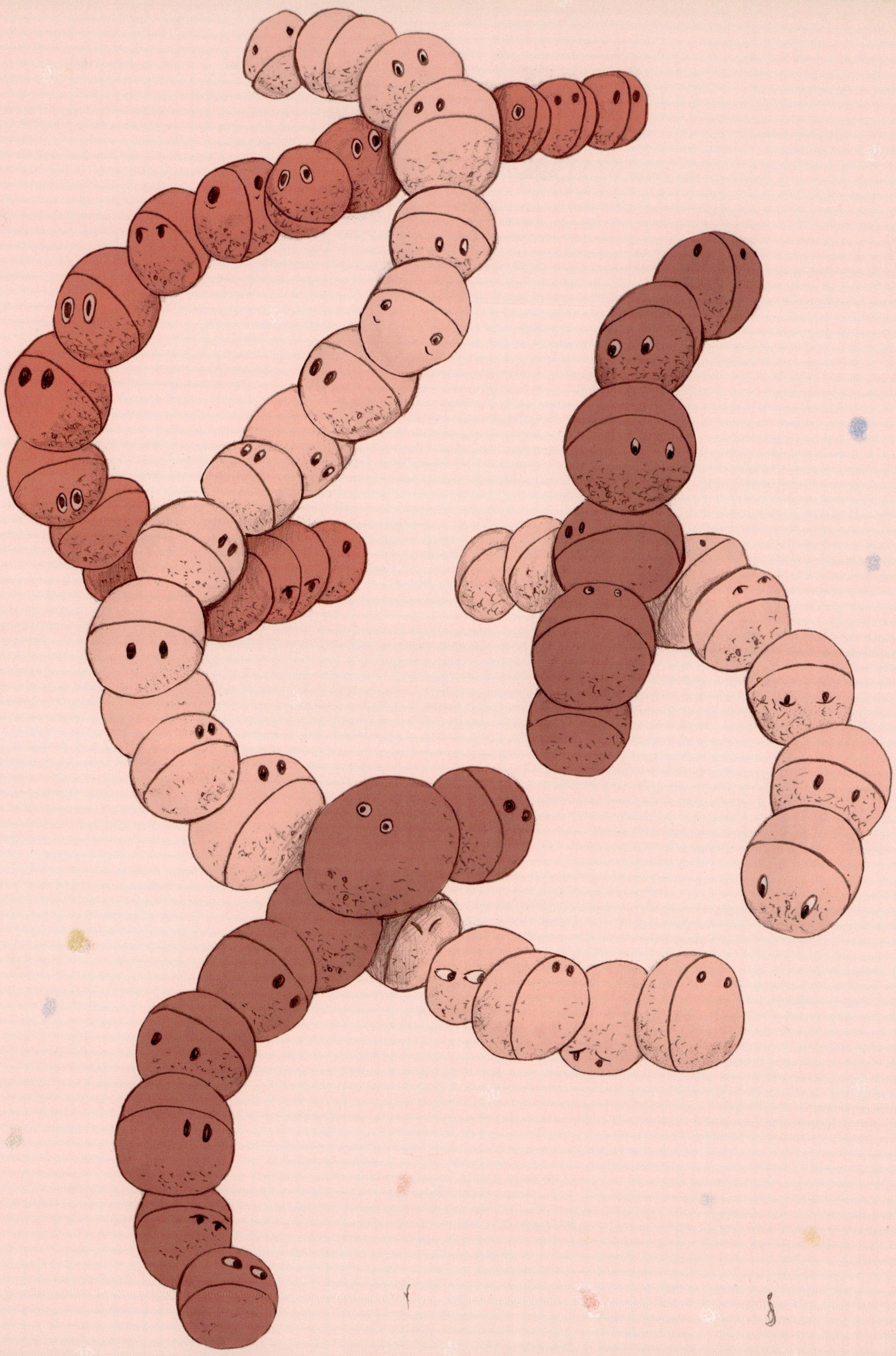

風邪は万病のもと
肺炎連鎖球菌：肺炎

ロスは、熱があり、体のあちこちが痛み、寒気がしました。
風邪にかかっていましたが、それほどひどくありませんでした。

そう思っていたのも、せきがさらにひどくなって
熱が40℃に上がるまででした。

「ペニシリンを飲んで、安静にしていれば
まもなくよくなるでしょう」

ところが、医者の予想とは違って、
ロスの肺に大きな問題がでてきました。

聴診器を当てると、
ゴボゴボという音が聞こえました。

それでもなお、医者は抗生物質であるペニシリンが、
肺炎連鎖球菌* をやっつけるのではないかと期待していました。

ペニシリンは、細胞壁をつくる酵素に結合してじゃまします。
細胞壁が頑丈でなければ、細菌は成長することができません。

ところが、ロスの体のなかの細菌の場合は、
この酵素に突然変異＊がおこっていて、
ペニシリンが結合できません。

変異をもつ細菌（突然変異体＊）には、
ペニシリンが効きません（耐性＊）。
このような耐性菌はどんどん増えます。

そしてとうとう、肺の片方（肺葉＊）いっぱいに
広がるほど増加しました。

「耐性菌の増殖を抑えるために、
別の薬を使います」

「どの抗生物質が
ロスに一番きくのでしょうか？」

セファロスポリン＊は分解されず、しかも
細胞壁ができないようにします。

「セファロスポリンを静脈注射して、
耐性菌がいなくなることを祈りましょう」

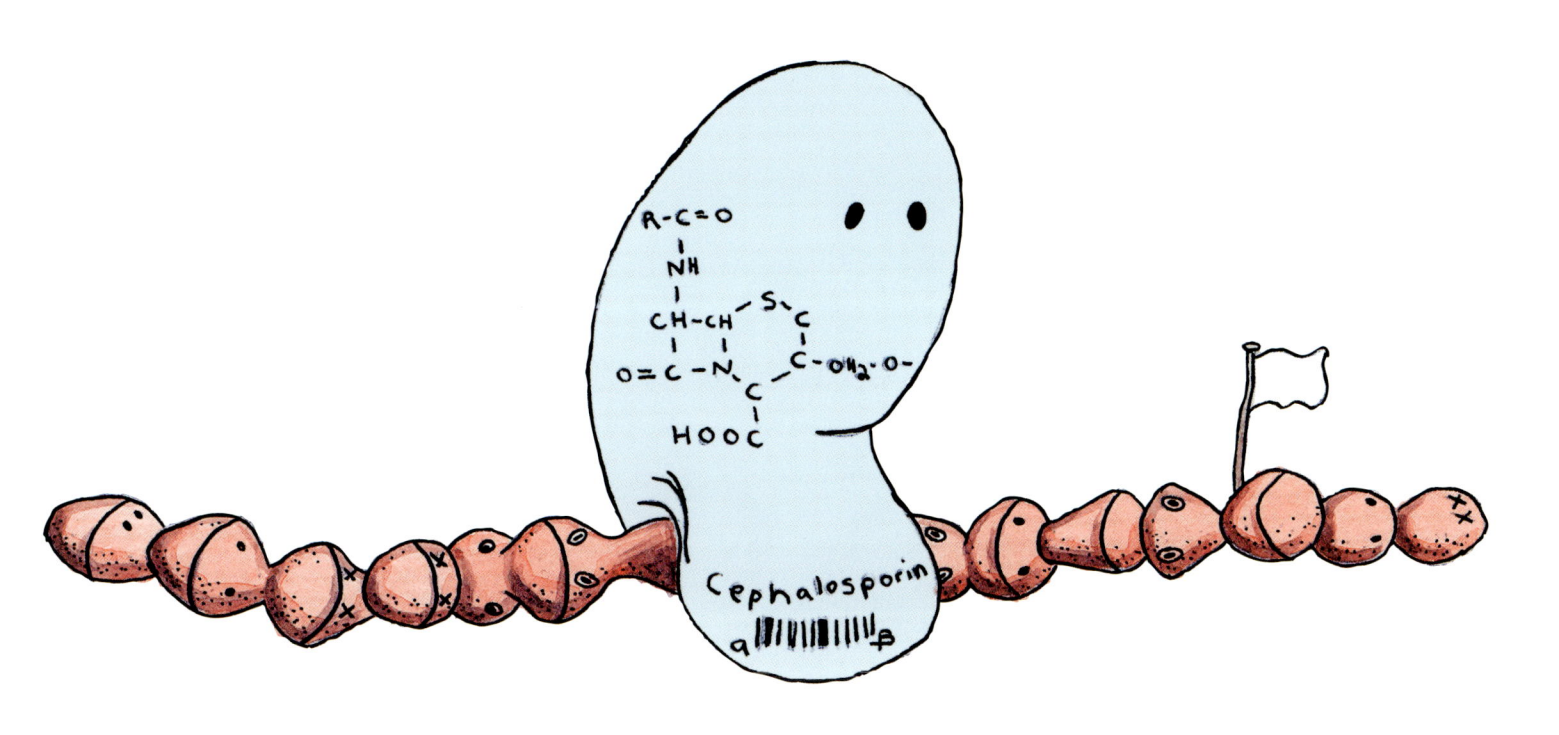

ロスの熱は一日で下がり、
せきも痛みもほどなくおさまりました。

らくに呼吸ができるようになりました。
陽気で、きげんのよいロスに戻りました。

**風邪やインフルエンザはそれほど心配しなくてもいいのですが、
そのために（二次的に）おこる可能性のある病気に用心しましょう。**

**ひどいせきや胸の痛みがあり、高熱がでたら、
肺炎連鎖球菌に感染しているおそれがあります。**

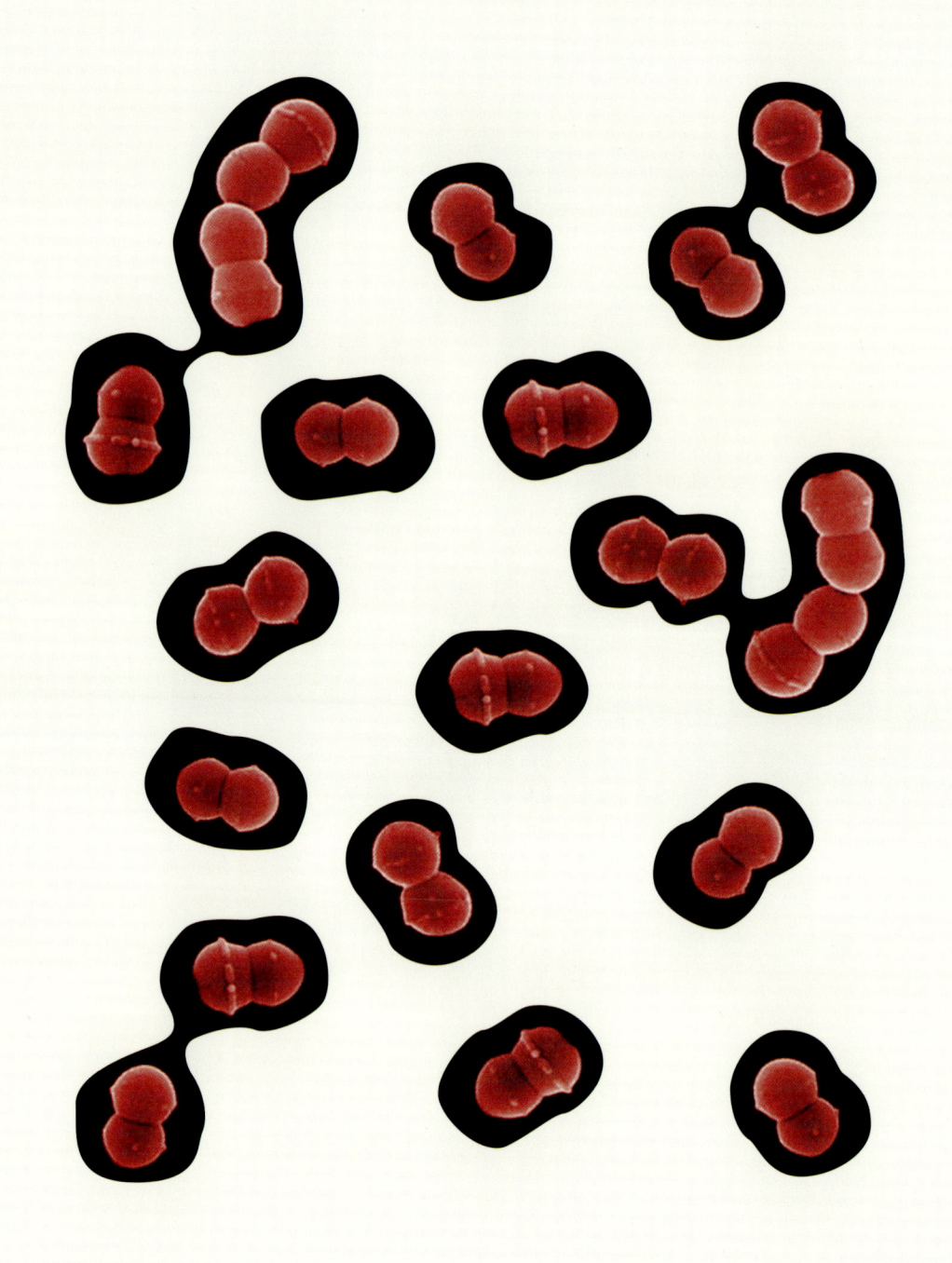

指の爪は、肺炎連鎖球菌1個の75,480,700倍の大きさです。

【肺炎連鎖球菌】
<ruby>肺炎連鎖球菌<rt>はいえんれんさきゅうきん</rt></ruby>

学名：*Streptococcus pneumoniae*
読み方：ストレプトコッカス・ニューモニアエ*

小型の丸い細菌で、左ページの写真のように、二つの菌が対になるか、短い鎖の形をとっています。肺炎連鎖球菌は大葉性肺炎のような重大な病気をおこします。下の電子顕微鏡写真は、スライドガラス上のバイオフィルムで増殖している細菌のようすです。

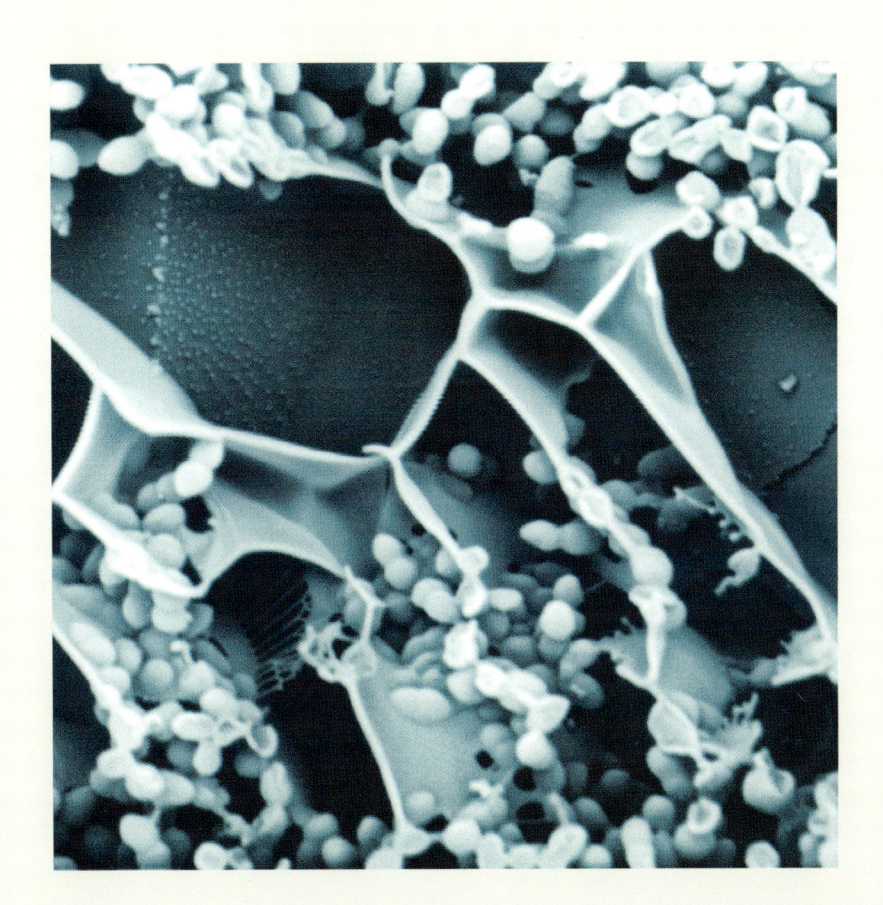

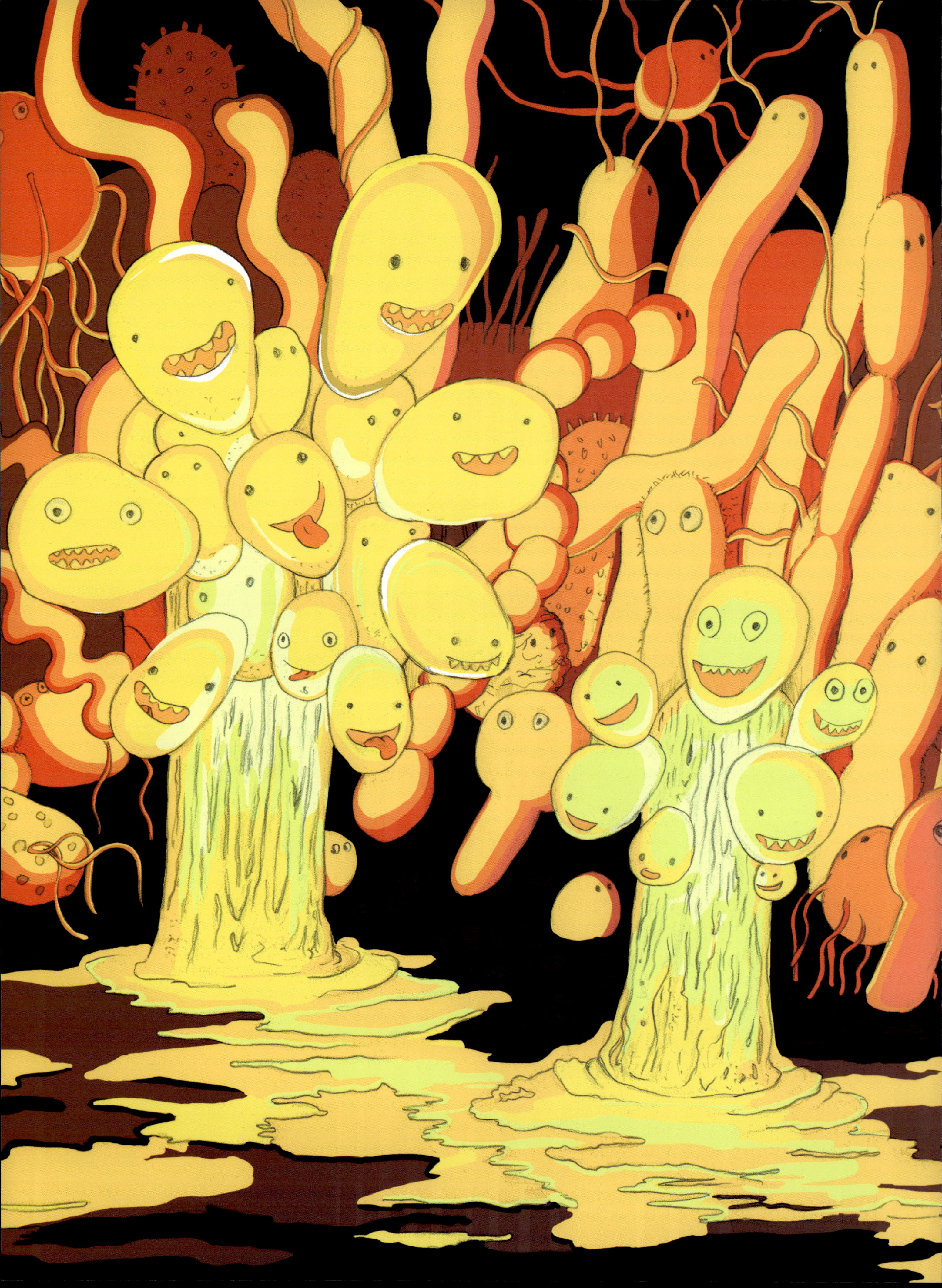

食うか食われるか
粘液細菌

むしゃむしゃと食べちらす粘液細菌*は、
おっとりしているとは決して言えません。

粘液をはきだして、その上をすべって移動します。
細菌をむさぼり食います。細菌の殺し屋です。

獲物をぐるりととりかこみ、追いつめて、
たくさんの飢えた口でたいらげてしまいます。

「粘液細菌はどこにいるの？」とゾーイは祖父に聞きました。
「それに、その獲物となる細菌はどこ？」

この丸太のような形の殺し屋は、
土のなかにいる細菌を食べつくすと、
十万もの数が集合して、いったん休眠*します。

子実体というユニークな構造をつくり、そのなかで、
どんなストレスにも負けない胞子となって眠ります。

粘液胞子は何年ものあいだ眠りつづけ、
近くの細菌からの栄養シグナルを待っています。

やがて胞子は目をさまし、殻をぬぎすて、増殖します。
この腹ペコ集団はふたたび、獲物の細菌をとりかこみ、食べつくします。

ゾーイは知りたくなりました。
「粘液細菌は何を使って、また増殖をはじめるの？」

ポリリン酸*です。このしくみについては、
いまさかんに調べられているところです。

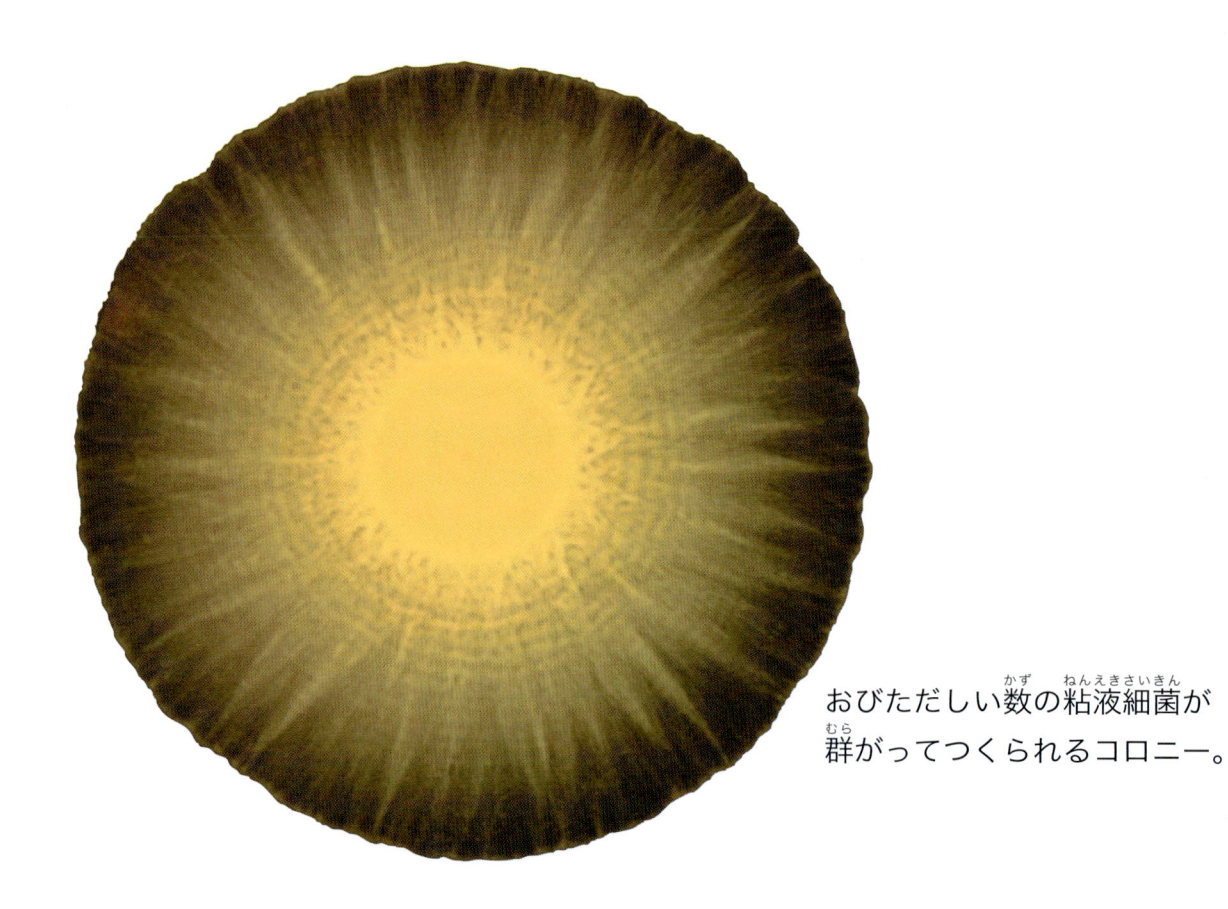

おびただしい数の粘液細菌が
群がってつくられるコロニー。

【粘液細菌】

学　名：*Myxobacterium xanthus*
読み方：ミキソバクテリウム・ザンサス*

学名の 'Myxo（ミキソ）' は「粘液」、'xanthus（ザンサス）' は「黄色」という意味です。複雑な生活環*を示す粘液細菌の一つで、粘液を分泌して滑走することでほかの細菌を捕食します。下の電子顕微鏡写真は、森の朽ちた木の上に生息している粘液細菌です。子実体の先端部に、休眠胞子が見えます。

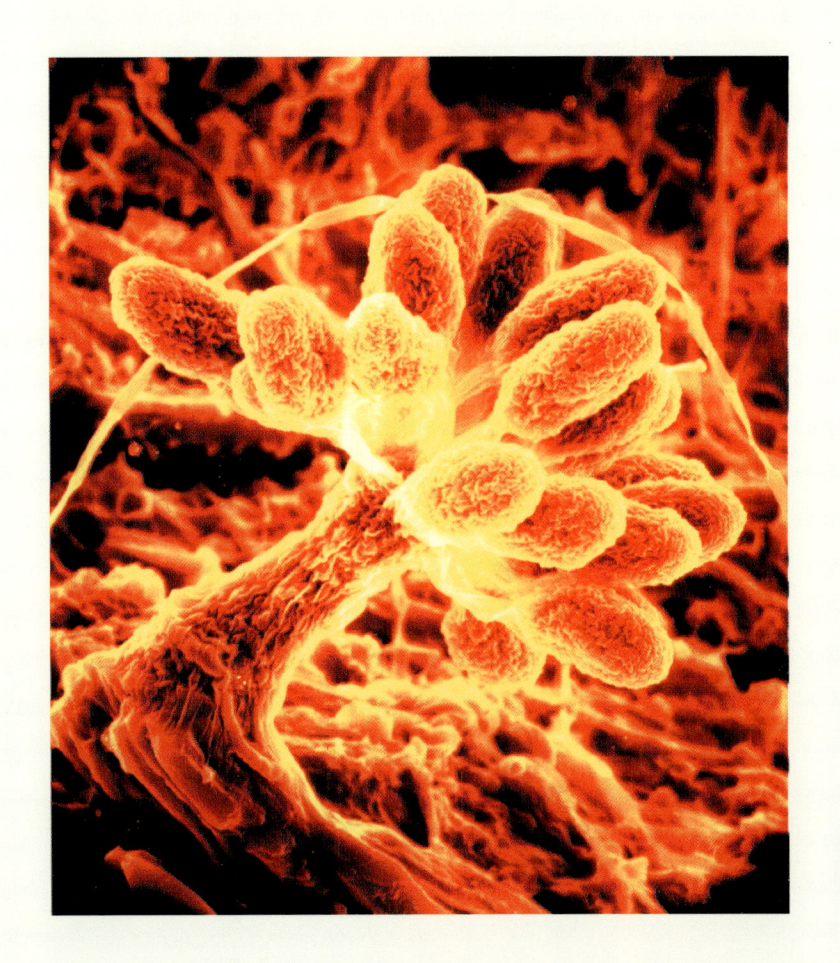

およそ 2,093,300 個の子実体で、ブルーベリーの皮をおおうことができます。

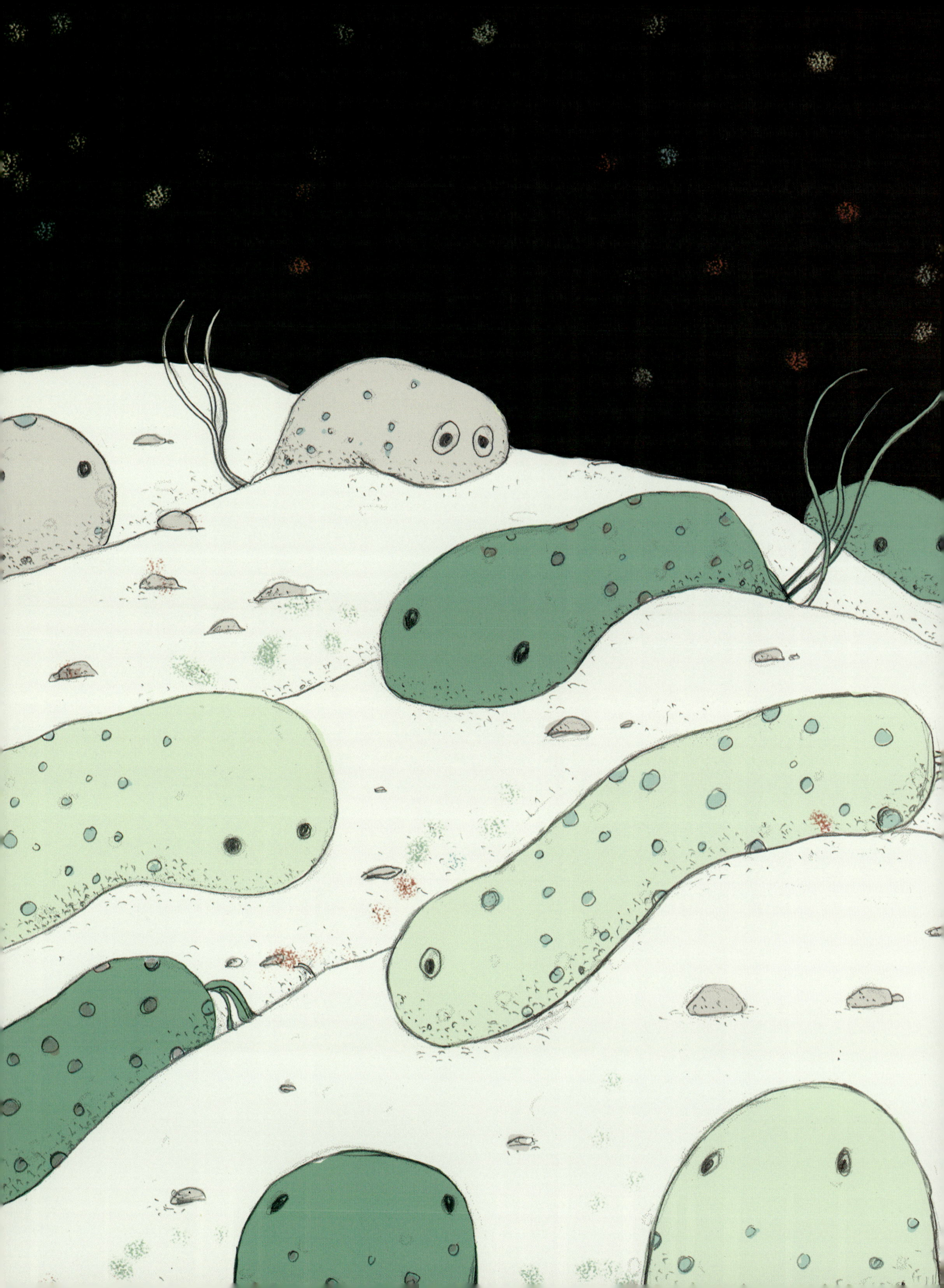

身中の虫

ピロリ菌：胃潰瘍

らせんの形をしたピロリ菌*は、
人間の胃の出口にもぐりこんで、たくましく生きています。

強い酸性の胃液にも負けません。
胃酸を中和する酵素をつくるからです。

一万年以上のむかしから、
ヒトの胃のなかで生きてきました。

ところがこの菌がいるために、
胃液で粘膜が消化されて胃潰瘍ができたり、
そこから胃癌になったりすることがあります。

胃酸を中和する薬（制酸剤）は効果がありません。
潰瘍の原因とされているストレスを解消しても、治りませんでした。

「ピロリ菌のしわざだとは思わなかったの？」
ザックはたずねました。

[訳注：「獅子身中の虫」から。内部にいながら、害を及ぼす者のこと。]

バリー・マーシャル（Barry Marshall）は、
犯人はピロリ菌ではないかと考えました。

マーシャルはこの菌のかたまりを飲みこみました。
「あぶなくないの？」

思ったとおり胃炎になりましたが、
抗生物質で治りました。
ピロリ菌で胃潰瘍がおきたのです‼

マーシャルと共同研究者のウォーレン（J. Robin Warren）は、
この発見によって2005年にノーベル賞を受賞しました。

現在では抗生物質を使って、
ピロリ菌を胃のなかから除いています（除菌）。

除菌すると胃酸の効果が強くなるため、
今度は、胃酸の食道*への逆流（胃食道逆流症）が問題になっています。

逆流がくりかえしおこると、食道癌ができることがあります。
「どうしたら、ふせげるの？」とザックがたずねました。
残念ながらまだわかっていません注。

[訳注：現時点での胃食道逆流症の治療は、胃酸の産生を抑えるための薬の服用です。]

【ピロリ菌】

学　名：*Helicobacter pylori*
読み方：ヘリコバクター・ピロリ*

らせん状の（helico；ヘリコ）ありふれた細菌（bacter；バクター）で、胃の出口（幽門：pylori；ピロリ）の粘膜にもぐりこんでいます。胃酸を中和する酵素をだします。まれに胃に穴を開ける（消化性潰瘍*）ことがあり、この潰瘍が癌に進行することもあります。この電子顕微鏡写真ではピロリ菌が移動に用いる鞭毛*が見えます。

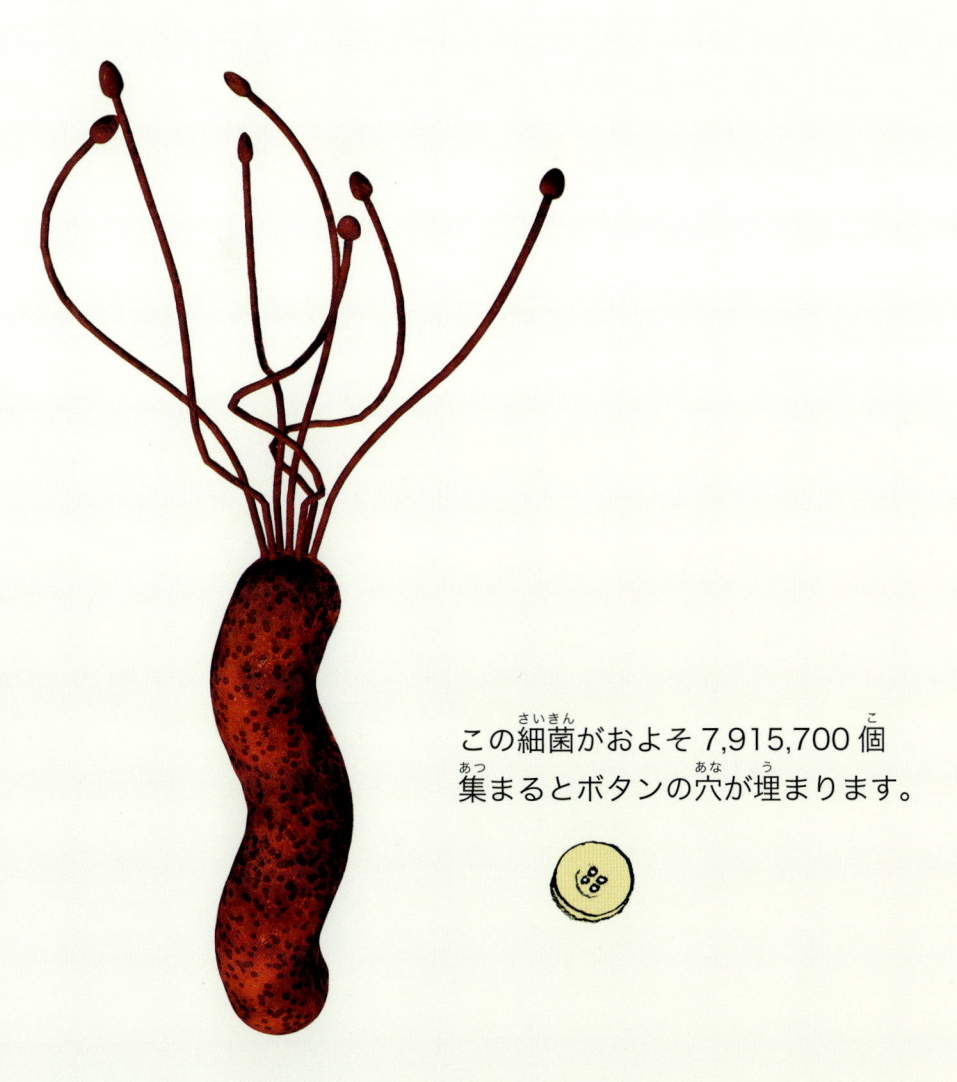

この細菌がおよそ 7,915,700 個集まるとボタンの穴が埋まります。

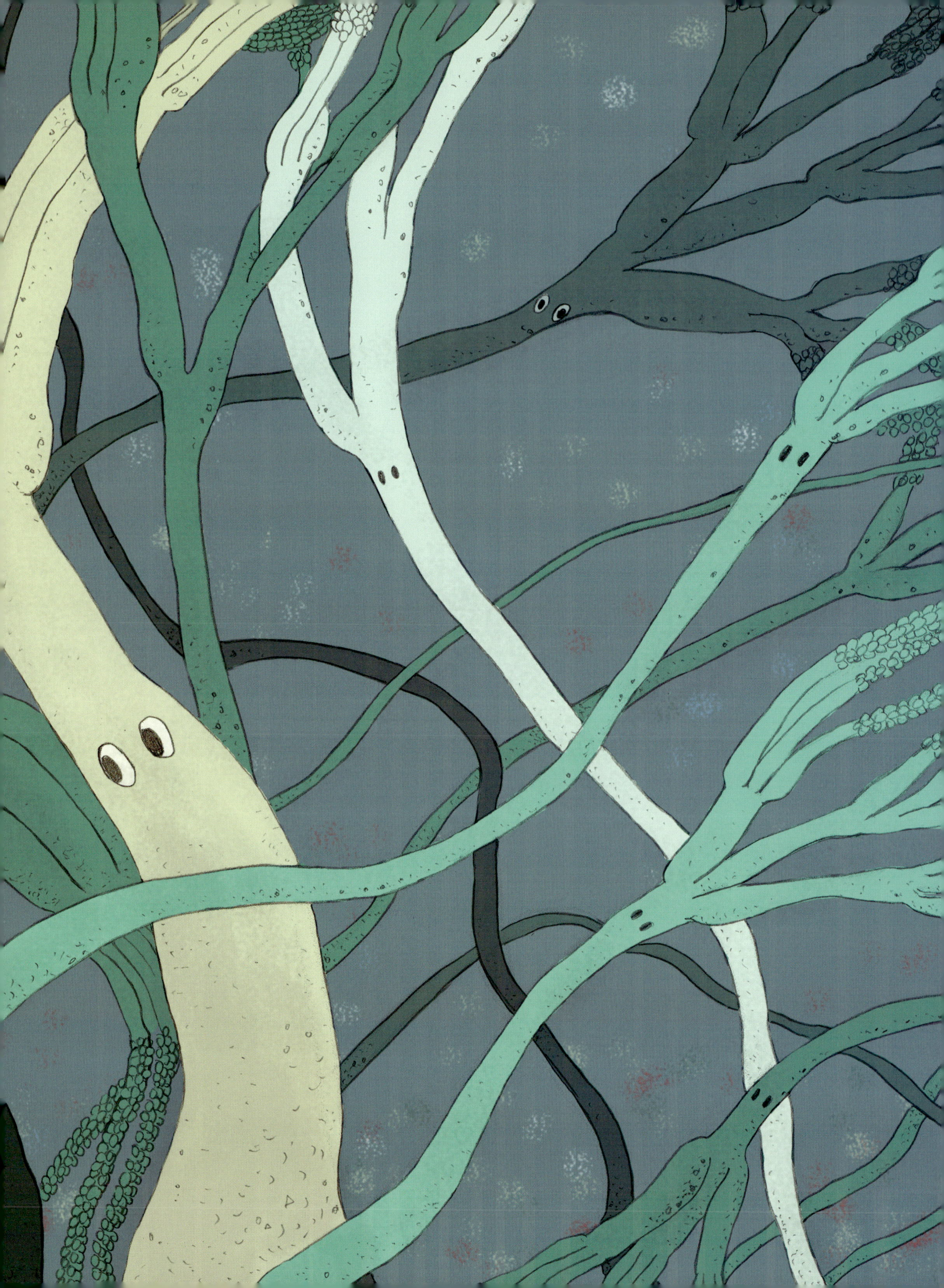

カビが細菌をやっつける

アオカビ：最初の抗生物質ペニシリン

「ペニシリンって、なあに？ どこから来たの？」
マヤは両親に聞きました。

「細菌をやっつけるお薬らしいけれど
どういうしくみで殺すの？」

ペニシリンは、
カビのなかまのアオカビ*からつくられています。

食べ物を腐らせたり、病気の原因になったりするカビが
人間の役に立つのでしょうか？

細菌の細胞壁はとても頑丈にできています。
ペニシリンは、その壁を攻撃して、壊します。

壁が壊れた細胞は
生きていけないため、
細菌は全滅します。

ヒトの細胞はそのような壁をもっていないので、
ペニシリンの攻撃をうけません。

マヤは言いました。「なんだか、よくわからない。
カビ*がお薬になるの？」

ペニシリンは、アオカビをタンクのなかで人工的に増殖させて（培養）、
大量生産されています。

「細菌が増えていくようすを見てみたいし、
ペニシリンがどういうふうに細菌をやっつけるのかも知りたいわ」

細菌は小さすぎて目で見ることはできません。
ところが、寒天培地の上の細菌が
さかんに増殖して何百万もの数になると、
この細菌の集まり（コロニー）は砂粒くらいの大きさになります。

そして、コロニーがうんとたくさん集まると、
芝生のように、細菌がびっしり生えた状態（マット*）になります。

アオカビがまわりの細菌を殺すと、
透明な領域（ハロー）ができます。

細菌マットのなかにぽっかり穴が開いていたら、
そこがアオカビのいた場所です。

58

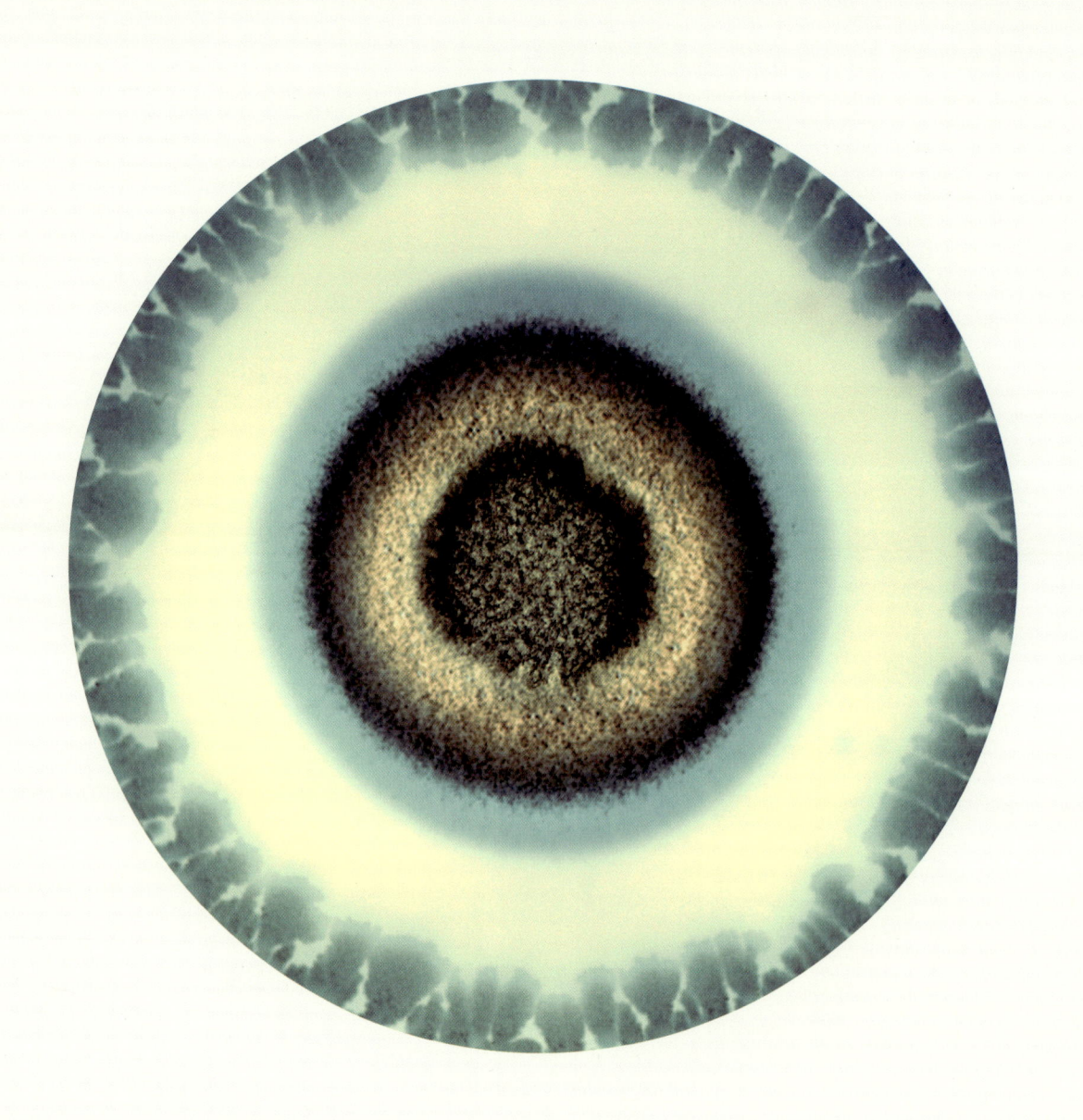

【アオカビ（ペニシリン産生菌）】

学　名：*Penicillium notatum*
読み方：ペニシリウム・ノタートゥム*

自然界でよく見られるアオカビの一種で、抗生物質であるペニシリンを産生する能力から選別されました。ペニシリンが周囲の細菌を殺すため、このカビのまわりにはハロー（左ページ写真の黄色の部分）ができます。

ソンブレロをいっぱいにするのに 5,600,000,000（56億）個以上のアオカビが必要です。

←ソンブレロ

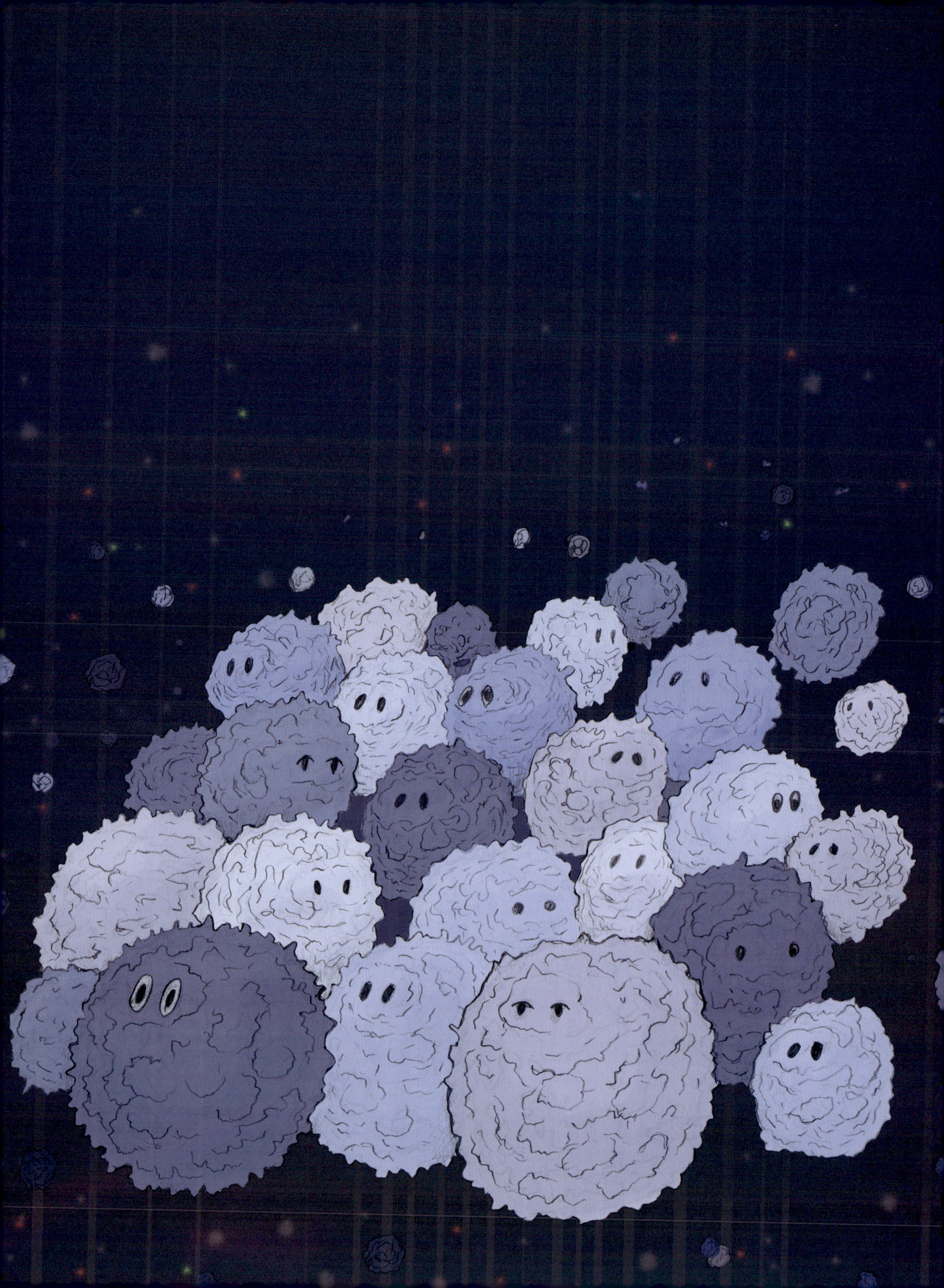

ワクチンで予防

ポリオウイルス：ポリオ（急性灰白髄炎）

ずっとむかしの夏のこと。学校も休みに入って、
プールですごす時間もたっぷりとありました。

ロジャー、トム、ケンの三兄弟は、
プールのまわりで歓声をあげてはしゃいでいました。

両親のほうはそれほど楽しそうではありませんでした。
ポリオ*の流行は夏におこることが多いからです。

子供たちがくしゃみや苦しそうな息をするたびに、
くよくよ心配したり、ヤキモキしたりしました。

というのも、去年の夏、
となりのスティーブがポリオにかかったためです。

一日目はただの風邪でしたが、翌日には
アスピリン*がまったくきかないひどい頭痛におそわれました。

両手・両足の筋肉がこわばり、息苦しくなりました。
呼吸困難はとても危険なサインです。

さいわい、人工呼吸器のおかげで命をとりとめ、手厚い看護をうけて、
危険な状態をのりきりました。

しかし、スティーブの足は麻痺してしまい、
リハビリはほとんど効果がありませんでした。

「ポリオウイルス*ってどんなものなの？
どうやって体の奥深くまで入りこむの？」とロジャーは聞きます。

飲みこまれたポリオウイルスはまず血液のなかに、
その後、神経にたどりつきます。

ウイルス*は細胞をもたないので、増えるためには
ほかの生物の細胞に入りこむ必要があります。

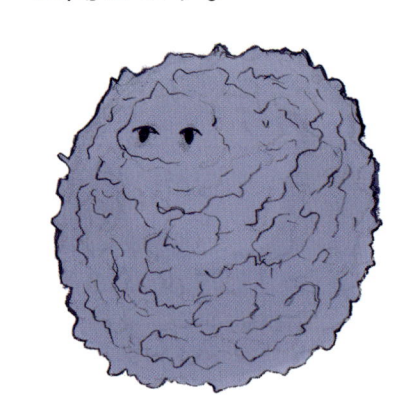

神経細胞のなかで何千個にも増え、
やがて殺してしまいます。

神経が死んでしまうと、
全身の筋肉がおとろえて、麻痺がおこります。

「スティーブがこの病気にまたかかることってあるの？」
ケンがたずねます。

いいえ、一度かかると体のなかに抗体ができ、
ウイルスをつかまえて、病気になるのを防いでくれます。

「抗体がほしいなあ。もしものときに
ウイルスを攻撃できるようにね」とトムが言います。

心配しなくても大丈夫。
ポリオはウイルスワクチンで予防できます。

「ワクチン*って何？
それで病気になったりしないの？
ポリオをやっつけるってけっこう難しそうだね」

ウイルスワクチンは毒性がひどく弱められたウイルスで、
体は難なくこれをやっつけます。

じつはこのとき、体はウイルスに対する抗体をつくりだし、
これを覚えています（免疫記憶）。
そのため、ポリオウイルスに感染しても発病せずにすむのです。

**ワクチンのおかげで
ポリオはこわい病気ではなくなりました。**

**予防接種が世界中で行われるようになれば、
ポリオとの戦いは人類の勝利に終わるでしょう。**

64

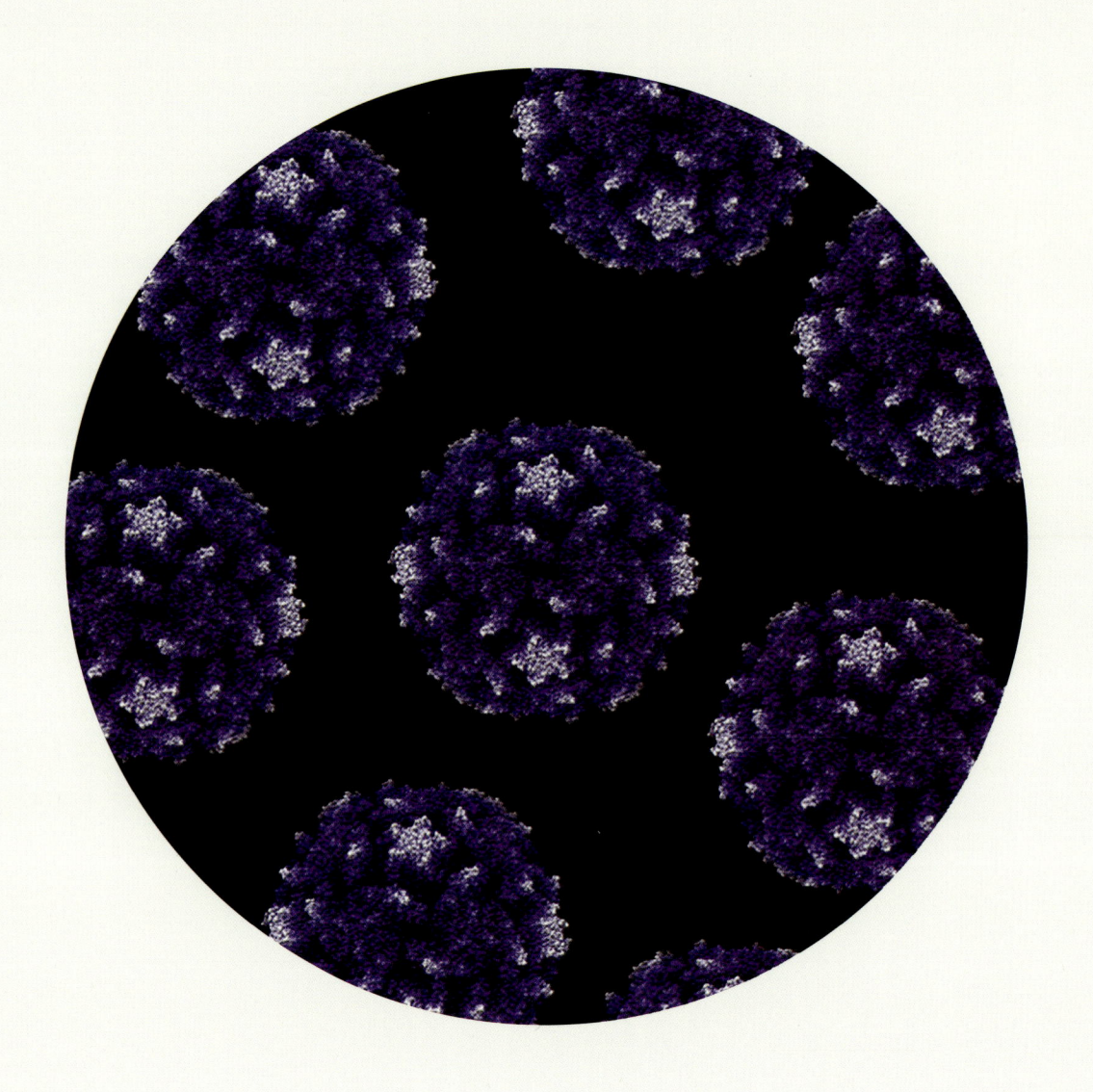

【ポリオウイルス】

ポリオとは急性灰白髄炎（ポリオミエリティス）の略名で、その原因ウイルスがポリオウイルスです。この流行性疾患は筋肉の麻痺や萎縮をひきおこす可能性がありますが、安全性の高いワクチンで予防可能です。左ページの写真は、結晶構造解析＊の結果にもとづいて構築されたポリオウイルスのモデル粒子です。正二十面体構造をとっています。

ポリオウイルス粒子およそ 6,700,000,000（67億）個が
ハエの羽一枚分の大きさです。

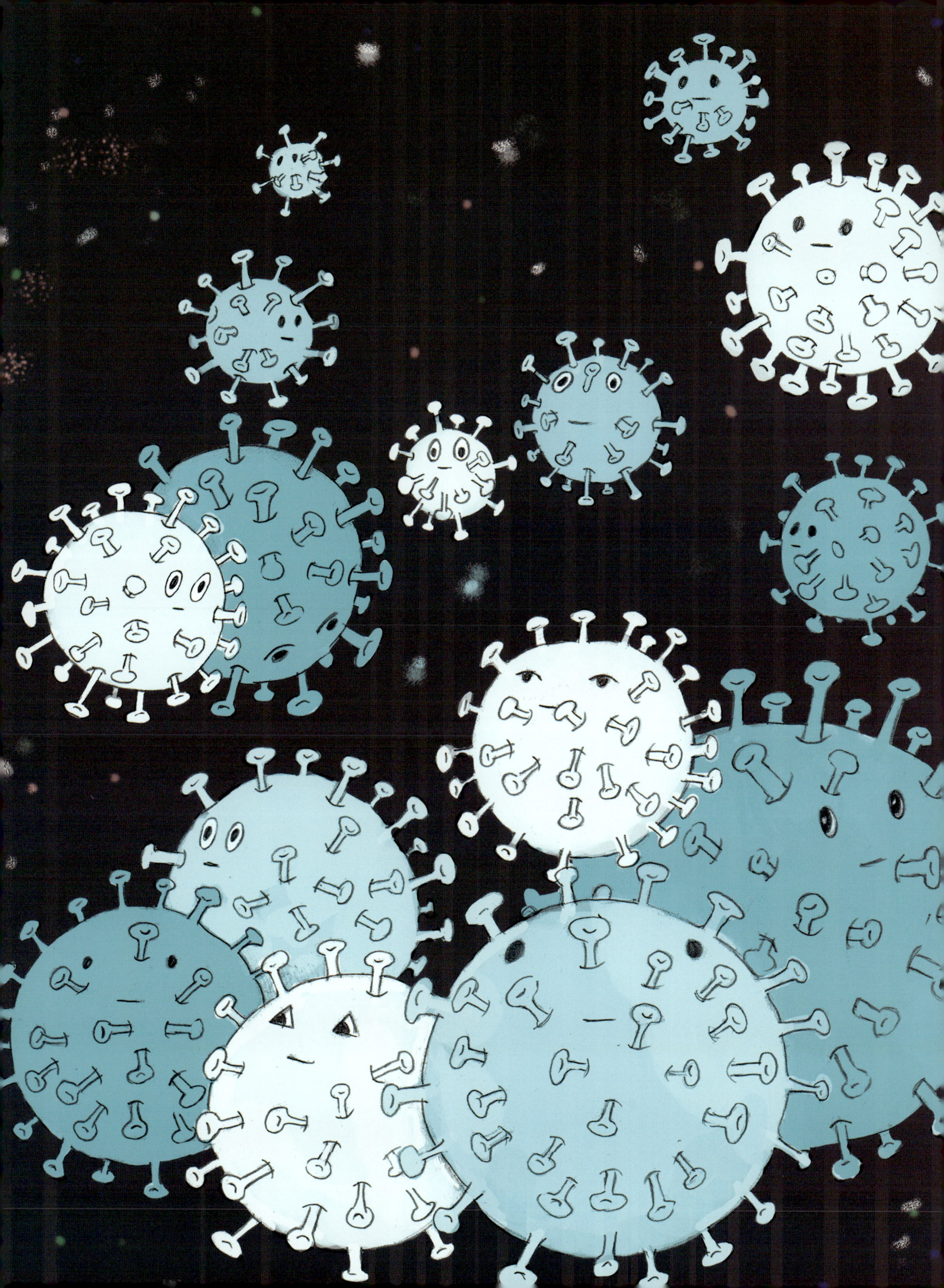

からだを微生物から守れない

ヒト免疫不全ウイルス（HIV）：エイズ（AIDS）

ポルトラバレーという町の、ゾーイの通う小学校では、このところ、
エイズという病気についてのひそひそ話がされていました。

同級生のビルはエイズにかかっていましたが、
それほど体調が悪いようには見えませんでした。

心配になったゾーイは両親に
この病気についてたずねました。

「エイズって、どんな病気なの？
小さな声で言わなきゃいけないような、そんなにこわい病気なの？」

エイズは、生まれつきではなく、
あるウイルスに感染することでおこる病気で、
免疫の働きが低下して、さまざまな症状があらわれます。

後天性免疫不全症候群ともいいます。
エイズをひきおこすウイルスがHIV*（ヒト免疫不全ウイルス）です。

「どうしてビルは、教室や校庭で遊ぶとき、
ひとりでいるの？」

おたふく風邪やはしか、水疱瘡やインフルエンザのように、
エイズがうつるとみんな思っているのです。

ウイルスは、くしゃみやせき、さわっただけでも、あちこちにちらばります。
ところが、HIVは感染力が弱く、このようなことでは広がりません。

かみついたり、押しあったり、ひっかいたりしても、
エイズがうつることはありません。

「だったら、ビルをさけることないじゃない！
でも、いったいどうしてエイズになったの？　どこからうつったの？」

ビルは血友病*という病気です。
血が固まりにくく、出血するとなかなかとまりません。

そのころは、ひんぱんに失われる血をおぎなうために
輸血をしていました注。

［訳注：現在は、不足している血液凝固因子を補充する治療が行われています。］

何年か前に、ビルは不運にも
エイズに感染した人の血液を輸血されました。

HIVを含む血液だったのですが、
その当時は、HIVを検出できませんでした。

「エイズってとてもこわい病気みたいだけど、
ワクチンや治療法はあるの？」

つい最近まで、ビルが助かる可能性はわずかでしたが、
研究がすすみ、いまではHIVを
げんじゅうにコントロールできる薬があります。

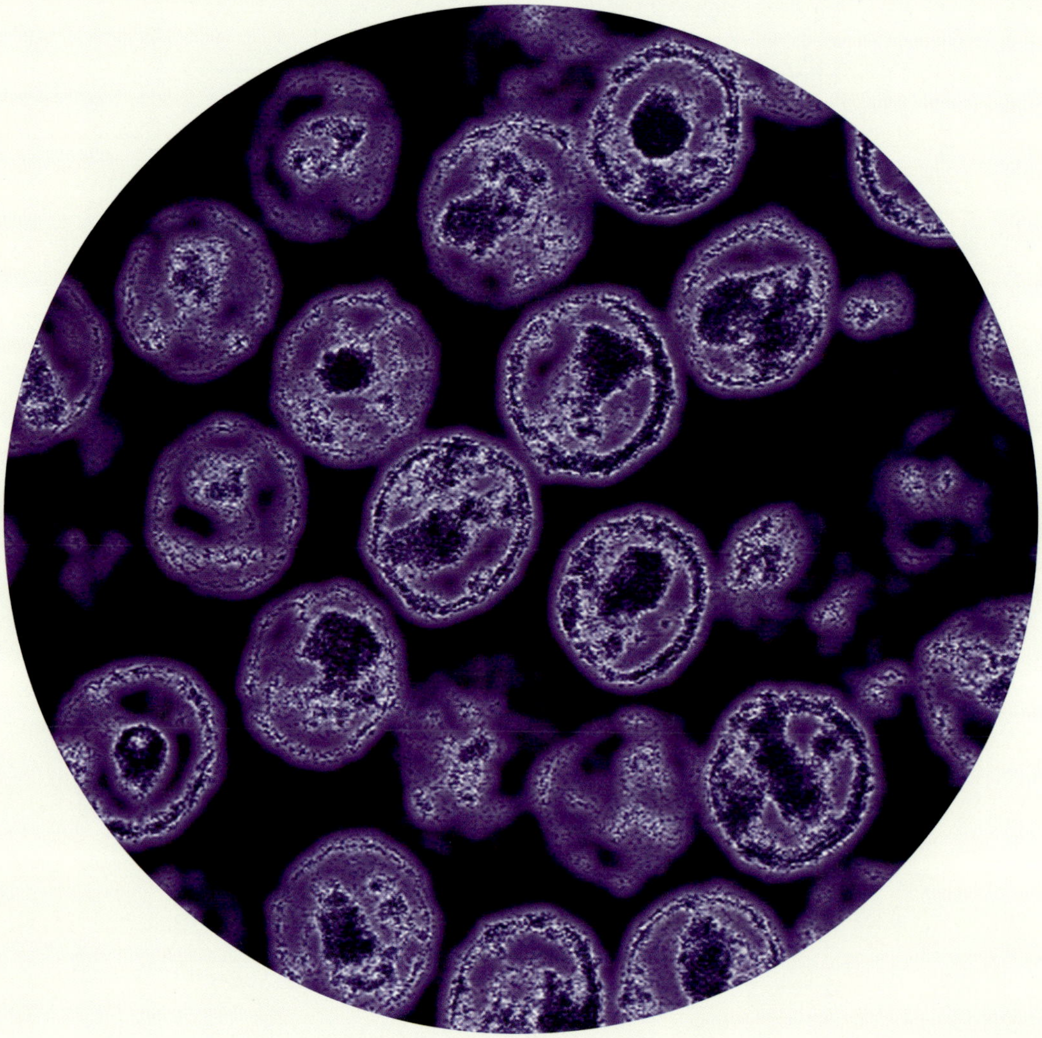

【HIV】

読み方：エイチアイブイ

ヒト免疫不全ウイルス（human immunodeficiency virus）の略称で、後天性免疫不全症候群（エイズ）の原因ウイルスです。HIV感染者は侵入する病原微生物への抵抗力（免疫力）が失われるため、さまざまな感染症にかかりやすくなります。左ページの電子顕微鏡写真はエイズウイルス粒子の集まりです。

小さな砂粒一つは、HIV粒子1個の8,000,000,000（80億）倍よりも大きいです。

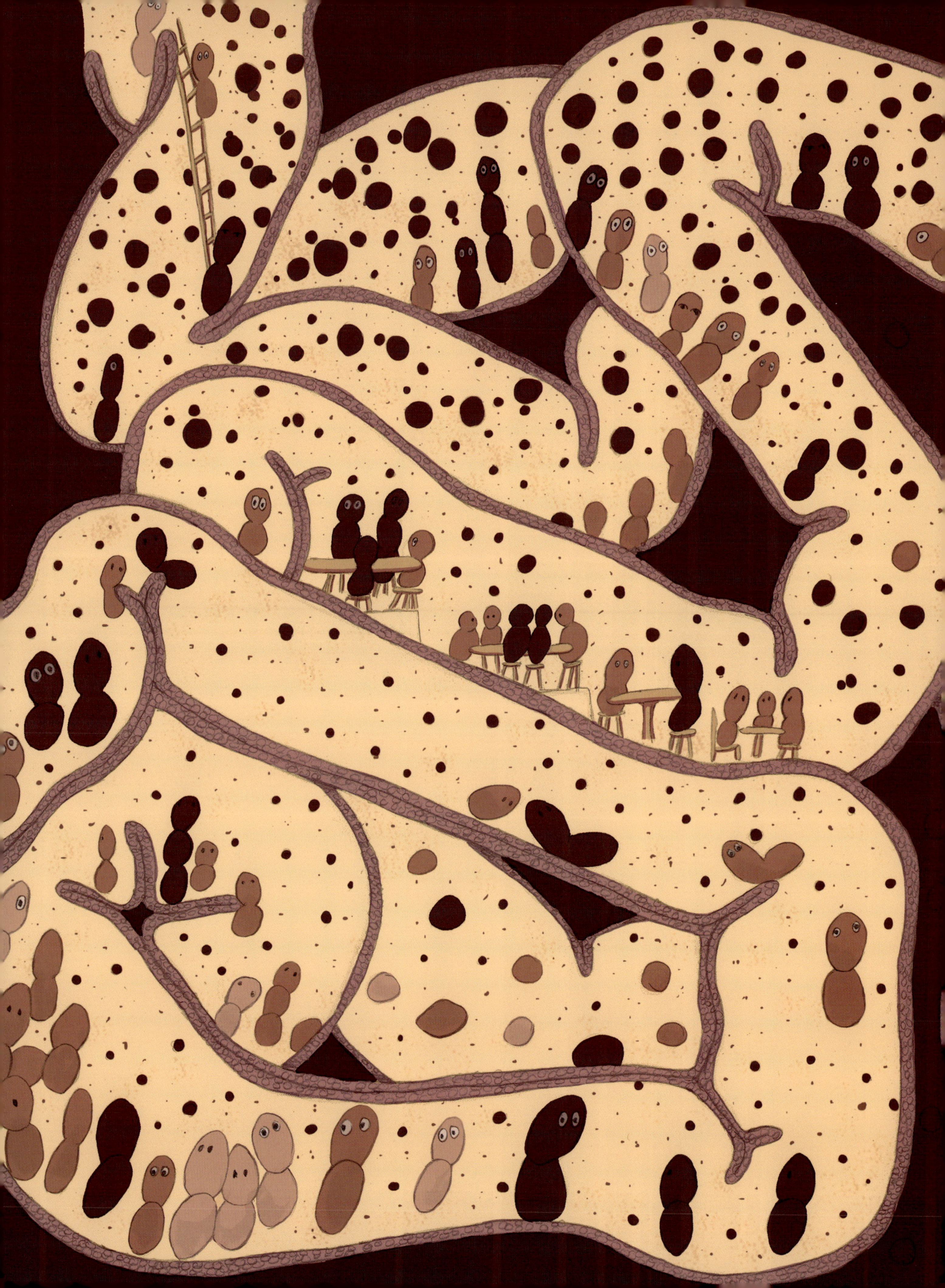

からだのなかから
健康維持
腸内細菌叢

赤ちゃんからお年寄りまで、
腸には例外なく
百兆個の細菌が住みついています。
この細菌の集団を**腸内細菌叢**といいます。

生まれたばかりの赤ちゃんの口から入った細菌は、
すぐに腸に住みつきます。
そして、おとなの腸のなかには
何百種類もの細菌が住んでいます。

「あたしとギリがもっている腸内細菌はちがうの？」
マヤが聞きました。

その人その人で細菌叢はことなります。
指紋のようなものです。

細菌叢の細菌のうち、ビタミンをつくったり、
食べ物の消化・吸収を助けたりする善玉菌は、
有害な作用をもつ悪玉菌が増えないようにします。

ところが、消化・吸収が手助けされることで、
太ってしまう可能性があります。
いくつかの病気になりやすくするとも
言われています。

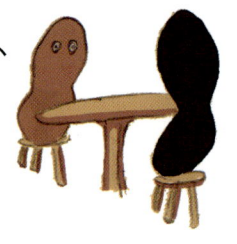

心臓病や高血圧、それに糖尿病*、
がん、胆石、さらには肺の炎症までおこることがあります。

最近、環境問題がニュースをにぎわせています。
自然環境の破壊や保護には、大きな関心がよせられています。

温暖化はいまや、地球全体の深刻な問題です。
氷河が溶けだしたり、洪水がひんぱんにおこったりしています。

地球の環境問題ほど注目されてはいませんが、
わたしたちにとってとても重要なのが、
自分ではその変化を感じることのできない体内環境です。

**そのようなわけで、体内の微生物や細菌叢のことを知ることは、
大事です。**

**なぜぐあいが悪かったのか、良かったのかはもちろん、
どうして太っているのか、やせているのかも、
体内環境を調べることで、理解できます。**

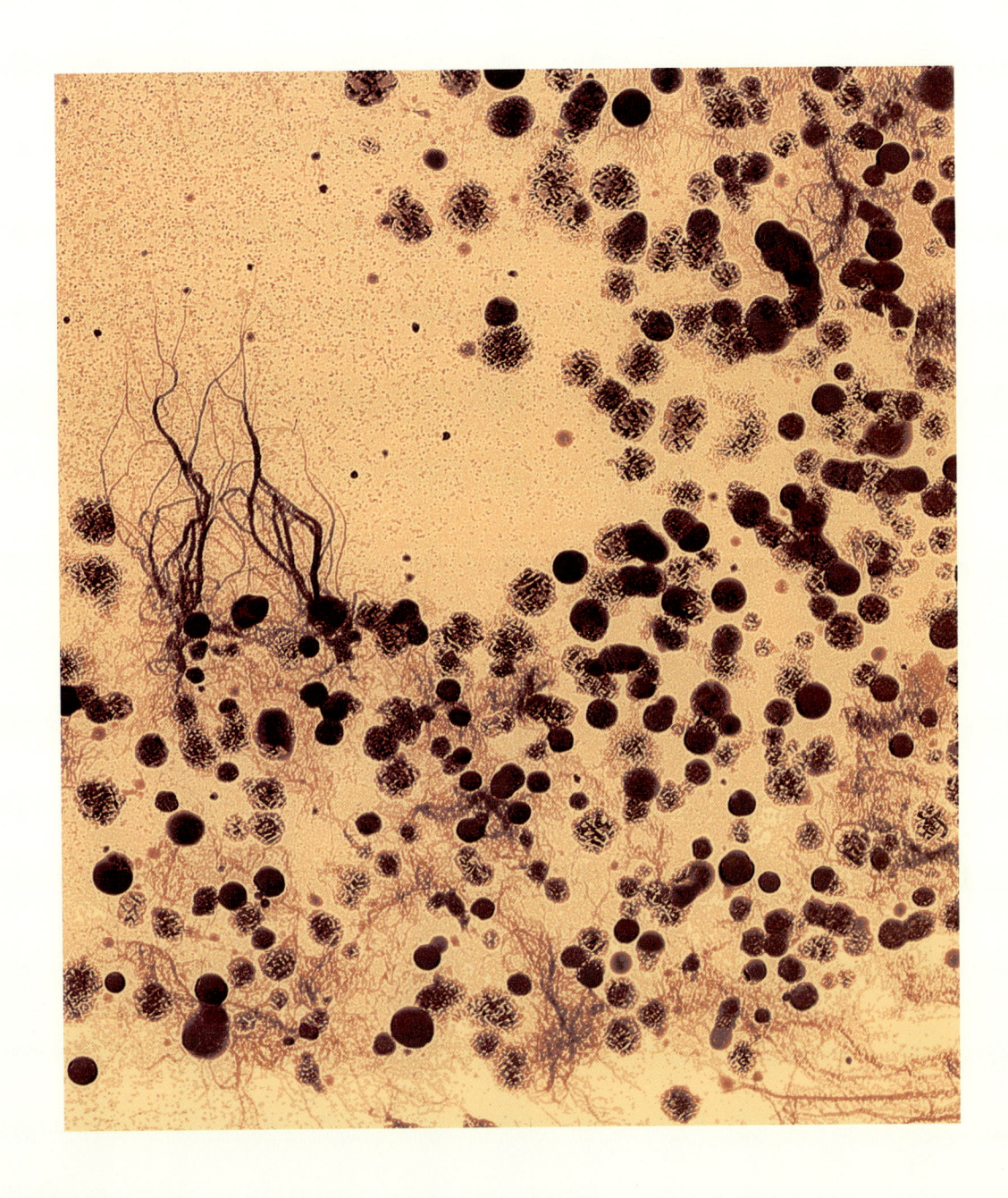

細菌叢
この写真はいろいろな種類の細菌が腸の粘膜表面で成長しているようすを示しています。

【パイロコッカス・フリオサス*】

学　名：*Pyroccocus furiosus*

超好熱古細菌*の一種。英語名の'rushing fireball（疾走火の玉）'は、100℃の超高温が生育に適した温度であることと、すばやく移動することからきています。70本もの鞭毛を使って泳いで移動し、細胞どうしの相互作用によって固体表面にバイオフィルム*を形成します。

ジャムのビンをいっぱいにするには、この古細菌が約 354,880,000,000,000 個必要です。

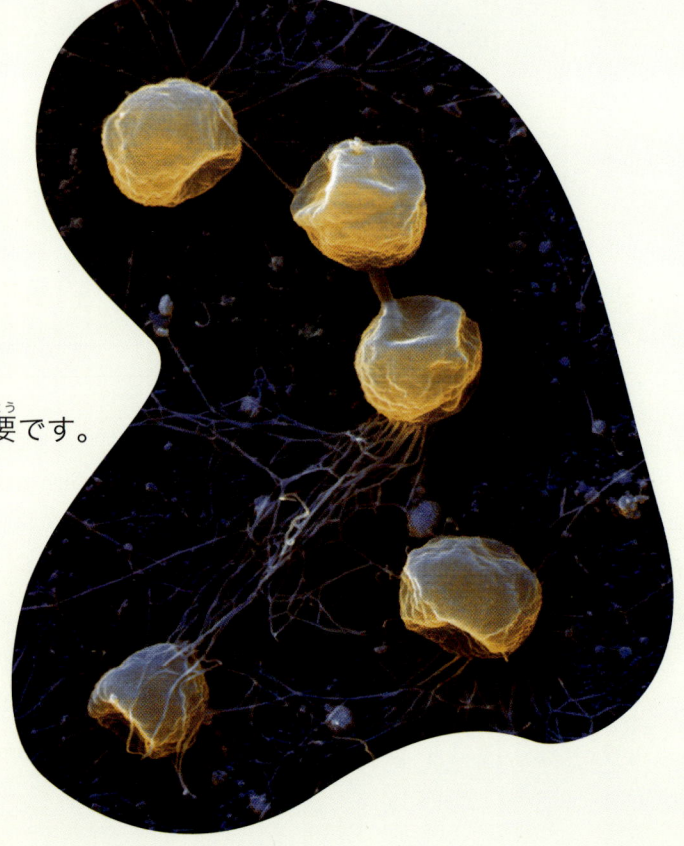

用語解説

微生物の固有名について：学名（ラテン語表記）の日本語読みと一般名の両方を解説用語としてあげている微生物の場合、説明文は、一般名があるものはそちらに付し、学名のほうには「一般名の説明を参照」としました。

アオカビ（55 ページ）
ペニシリウム属のカビの総称。食品、土壌、生物体に生育する。抗生物質ペニシリンの産生菌はアオカビの一種。アオカビチーズの製造にも用いられる。

アスピリン（61 ページ）
世界初の合成された医薬品で、痛みや熱に優れた効果（消炎鎮痛効果）を示す。

ウイルス（62 ページ）
細菌の 1,000 分の 1 程度の大きさの、細胞をもたない微生物である。そのためウイルスは、栄養を得て繁殖するために、細胞（細菌、植物、動物）に寄生して生きなければならない。

黄色ブドウ球菌（17 ページ）
皮膚や粘膜によく見つかる球形の細菌。ブドウの房のような形をしており、培地で培養すると黄金色のコロニーを形成する。この菌が産生する毒素は体内に侵入し、重篤な炎症を引き起こす。

カビ（56 ページ）
細菌よりも大型で複雑な構造をもつ微生物で、キノコ、酵母とともに菌類*と総称される。

芽胞（29 ページ）
休眠状態にある微生物のこと。何層もの殻に覆われていることで、熱、乾燥、化学物質に対して抵抗性を示すが、長い年月を経たあと生きている細胞へと覚醒する（発芽する）能力をもつ。

（芽胞の）殻（29 ページ）
生育に不利な条件で芽胞を形成するバチルス属（枯草菌など）とクロストリジウム属（破傷風菌など）の細菌がもつ、細胞を覆う厚い皮層構造のこと。

桿状菌（27 ページ）
細長い棒のような形をした細菌。

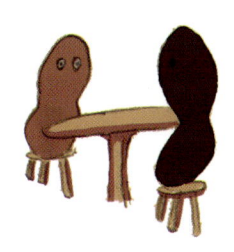

寒天培地（27 ページ）
細菌を増殖させるために使う半固体の培地。

休眠（33 ページ）
細菌がその生育を休止した（生きてはいるが増殖しない）状態にあること。

菌類（真菌）
真核生物である微生物。カビ、キノコ、酵母。普通、細菌は菌類に含めないが、粘液細菌*（ミキソバクテリア）のように、一見して菌類に似た細菌を含める場合もある。用語解説の酵母の説明を参照。

クロストリジウム・テタニ（33 ページ）
破傷風菌の学名。破傷風菌の説明を参照。

結晶構造解析（65 ページ）
秩序正しい構造をとる結晶を対象とした、分子構造を明らかにする研究。

血友病（68 ページ）
血液が凝固しないために出血しやすい傾向を特徴とする遺伝性の病気。

顕微鏡（14 ページ）
光学顕微鏡は凸面レンズで構成されており、目に見える光を照射した細胞を 1,000 倍にまで拡大して観察できる。それよりも小さなウイルスや細胞の微細構造を観察するには、光より波長の短い電子線を利用した電子顕微鏡によって、試料を 100 万倍（最先端技術では 1,000 万倍）にまで拡大して観察することができる。

抗生物質（24 ページ）
いろいろな種類の微生物（通常は土壌微生物）が放出する化学物質で、それ以外の微生物の増殖を妨げる。実にさまざまな抗生物質があるが、代表的なものに、ペニシリン（penicillin）、セファロスポリン（cepharosporin）、ストレプトマイシン（streptomycin）がある。

77

用語解説

酵素（36 ページ）
細胞によって産生される化学物質（タンパク質・核酸）で、食べ物の消化をはじめとする生体内のほとんどの化学変化を触媒している。

抗体（17 ページ）
人体がつくり出す何百万もの、わずかに違いのあるタンパク質分子の一群のことで、それぞれが人体に由来しない物質や細胞、たとえば毒素、花粉、微生物に応じて急増する。抗体はこのような外来物質に結合することで、その機能を失活させるように働き、除去する。

抗毒素（31 ページ）
人体が特定の毒素に応答して産生する抗体。当該毒素に結合することで、無毒化する。

酵母（菌）（36 ページ）
細菌よりも大型で複雑な微生物で、カビ、キノコとともに菌類*と総称される。植物細胞や動物細胞に似た構造をとり、分裂か出芽で繁殖する。酵母菌（イースト菌）は、製パンや醸造に使われる（出芽酵母の説明を参照）。

コロニー（20 ページ）
寒天培地の表面に増殖している何百万もの細菌の集団のことで、わずか1個の細菌から出発して生じたものもある。

細菌（17 ページ）
原核生物に分類されるきわめて微小な単細胞生物で、一般的には植物や動物の細胞の 1,000 分の 1 の大きさ［体積として＝$(10^{-1})^3$］である。微生物の一つ。真正細菌とも言う。

細胞（17 ページ）
生命の基本単位で、単独で生存し繁殖することができるが、多くの場合は植物や動物の組織、もしくは微生物コロニーのように集団を構成する。

細胞壁（31 ページ）
大多数の細菌細胞の最表層にある構造体。この構造体の違いにより、グラム染色性からグラム陽性菌と陰性菌に分類される。

サッカロマイセス・セレビシアエ（*Saccharomyces cerevisiae*）（39 ページ）
出芽酵母の学名。出芽酵母の説明を参照。

サルモネラ・タイフィ（*Salmonella typhi*）（27 ページ）
チフス菌の学名。チフス菌の説明を参照。

出芽酵母（35 ページ）
酵母の一種で、果物の皮や土壌、ヒトの皮膚で見つかる。製パンや醸造に広く用いられる。

消化性潰瘍（53 ページ）
胃や十二指腸の粘膜の損傷を指し、難治性の出血性炎症となることがある。

小胞（38 ページ）
細胞内小区画（コンパートメント）の1つ。

食道（52 ページ）
喉と胃とを結ぶ管状の臓器で、ヒトの場合には 20 〜 25 センチの長さがある。

スタフィロコッカス・アウレウス（*Staphylococcus aureus*）（20 ページ）
黄色ブドウ球菌の学名。黄色ブドウ球菌の説明を参照。

ストレプトコッカス・ニューモニアエ（*Streptococcus pneumoniae*）（45 ページ）
肺炎連鎖球菌の学名。肺炎連鎖球菌の説明を参照。

生活環（49 ページ）
生物の成長、生殖に伴って出現する変化の一回り分（周期1回分）のこと。

セファロスポリン（42 ページ）
一般的に使われる抗生物質。

耐性（42 ページ）
細菌の場合に、抗生物質や宿主の免疫系に対して抵抗性であり、その影響下でも生存できることをいう。

タンパク質 (17ページ)
細胞の重要かつ必須である構成成分で、炭素、水素、窒素、酸素からなるアミノ酸からできている。

チフス菌 (23ページ)
常在性の腸内細菌の一つで、棒のような形の菌（桿状菌）である。チフス菌が放出する毒素は血流に入り、高熱を引き起こす（腸チフス）。

超好熱古細菌 (76ページ)
真核生物とも、原核生物の真正細菌とも異なる生物である古細菌は、極限環境に生育している。超好熱古細菌はそのうち、至適生育温度が80℃以上のものをいう。

電子顕微鏡写真（像） (33ページ)
電子顕微鏡で得られる画像。通常の光学顕微鏡よりも試料を1,000倍拡大して観察することができる。

糖尿病 (74ページ)
体内でつくられるホルモンの1つであるインスリンが不足するか、うまく作用しなくなり、血液や尿の中のブドウ糖の濃度が上昇する疾患。

毒素 (18ページ)
本書では、細菌によってつくられる生体に有害な物質をいう。動物では、免疫による生体防御によって特異的な抗毒素（抗体）ができる。

突然変異／突然変異体 (42ページ)
細菌に異なる性質や状態をもたらすような遺伝子変化、およびこうした変化をもつ個体。

粘液細菌 (47ページ)
ミキソバクテリア（*Myxobacteria*）。グラム陰性細菌。粘液を分泌し滑走することで、ほかの細菌やその残渣を見つけ、これを餌にして生活する。栄養枯渇状態になると、集合して子実体を形成し、内部で粘液胞子となる。

肺炎連鎖球菌 (41ページ)
小型の球形の細菌で、2つの菌が対になっているか短い鎖を形成している。大葉性肺炎などのヒトの重篤な疾患の病因となる。

バイオフィルム (21、76、81ページ)
細菌同士が接着して構成する共同体（コミュニティ）のことで、フィルムのような構造をとっている。自然界の90％以上の細菌は、ばらばらの個体ではなく、バイオフィルムとして存在する。

肺葉 (42ページ)
葉*の説明を参照。

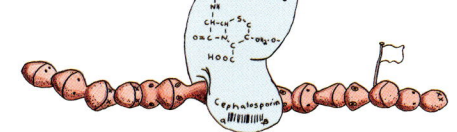

パイロコッカス・フリオサス (76ページ)
温泉に生息する超好熱古細菌の一種。

破傷風菌 (29ページ)
桿状菌の一つで、芽胞*を形成して高度に耐久性のある休眠状態に入る。傷口から体内に侵入した芽胞は発芽し、ふたたび細菌となって増殖し、上肢、下肢、横隔膜、顎に重篤な筋肉収縮（強直性痙攣）を引き起こす毒素を放出する。

ピロリ菌 (51ページ)
よく見られる、らせん形の細菌で、胃の出口（幽門）の粘膜に棲息する。胃酸を中和する酵素（ウレアーゼ）を放出して周りに中性の環境をつくり出すため、酸性の強い胃の中でも生きることができる。まれに胃粘膜を傷つけて消化性潰瘍を生じさせ、この潰瘍が胃癌にまで進行するおそれがある。

分子 (35ページ)
1つ以上の原子からできている化学物質の最小の粒子。たとえば、水分子は1つの酸素原子と2つの水素原子が結びついたものである。

ペニシリウム・ノタートゥム (59ページ)
自然界で高頻度に見られ、抗生物質であるペニシリンの産生能力によって分離された、いわゆるアオカビの一種。

ヘリコバクター・ピロリ (53ページ)
ピロリ菌の学名。ピロリ菌の説明を参照。

鞭毛 (53ページ)
長くて細い細菌の付属器官で、これによって細菌は動くことができる。

用語解説

保菌者 (25 ページ)
病原性微生物に感染し保持しているが症状があらわれず、他者に感染させる恐れがある個体のこと。
［訳注：有名な例として1900年代初頭、アメリカ・ニューヨークでの腸チフス感染源となったアイルランド人女性メアリー・マローン（Mary Mallon）があげられる。彼女自身は健康保菌者であったが、生涯、菌を排出した。］

ポリオ (61 ページ)
急性灰白髄炎（poliomyelitis；ポリオミエリティス）の略称。この流行性疾患は筋肉の麻痺や萎縮を引き起こす可能性があるが、安全性の高いワクチンによって予防可能である。

ポリオウイルス (62 ページ)
ポリオの原因ウイルス。

ポリリン酸 (48 ページ)
無機リン酸が何百とつながった高分子で、その構成単位は、リン原子が酸素原子によって取り囲まれ、さらに隣接するリン原子へと連結されている構造をとる。地球での生命の誕生に関わっていた可能性が高く、細菌、菌類、植物、ヒトといった自然界に存在するあらゆる細胞において重要な生理機能を果たしている。
［訳注：著者が晩年に熱心に取り組んでいた研究課題である。］

マイコプラズマ・モービレ (82 ページ)
滑走細菌の一種。小型の病原菌であるマイコプラズマ属の細菌で、滑走運動を行う。

マット (57 ページ)
寒天培地の表面にびっしりと均一に生育した、数十億の細菌からなる層のこと。

ミキソバクテリウム・ザンサス (49 ページ)
粘液細菌（ミキソバクテリア）の一種（正確にはミキソバクテリア目ミキソコッカス属）。

葉（よう）(42 ページ)
肺や脳などのように複数の構成単位からなる動物の臓器の、その構成単位のこと。

ワクチン (63 ページ)
病原性微生物や細菌毒素の毒性を弱めるか、無毒化した製剤のことで、特定の微生物に対して特異的な抵抗性を示す抗体をはじめとする、生体防御システムの活性化を促すために、動物やヒトに投与される。

ATP (37 ページ)
アデノシン三リン酸（adenosine triphosphate）の略称で、エネルギー代謝の「通貨」である。グルコースのような食べ物が燃焼される（代謝が起こる）と、エネルギーの一部はATPとして捕捉され、筋肉の収縮、視覚などの人体機能に使われる。

HIV (68 ページ)
ヒト免疫不全症候群ウイルス（human immunodeficiency virus）の略称で、エイズの原因となる病原体である。HIV感染者は侵襲性の微生物に対する抵抗力（免疫力）が失われるため、さまざまな感染症を発症する。

湖底にある岩の表面に形成された巨大なバイオフィルム*。
おびただしい数の微生物が増殖しています。
（アメリカ・イエローストーン国立公園）

【マイコプラズマ・モービレ*】

学名：*Mycoplasma mobile*

マイコプラズマ属の細菌の一つで、「脚」や「足」（それぞれ、下の写真の黄と赤の部分）を使ってガラスのような固体表面の上を滑るように動きます（滑走細菌の一種）。

アイスキャンディーの棒部分の大きさは、
この細菌1個の
少なくとも1,143,000倍です。

写真について

　微生物がどのような形であるかを知るには、観察対象の微生物の大きさが千差万別であるため、さまざまな方法をとる必要がある。培養プレートや池に沈んだ岩に生じた微生物のコロニーは、数ミリから何メートルもの大きさの違いがあるものの、標準レンズか接写レンズを使って、普通のカメラで簡単に捉えることができる。しかし、細胞1つ1つのようなもっと小さなものの写真をとるには、光学顕微鏡か電子顕微鏡に搭載されたカメラが必要となる。光学顕微鏡は10^{-6}m程度を観察対象とする。さらに小さな観察対象は電子顕微鏡で捉えることができる。得られた顕微鏡写真は通常灰色であるが、人工的に彩色できる。顕微鏡写真を彩色することで、興味深い特徴がさらに強調され鮮明となる。できあがった写真はたいそう美しい。

　この本に掲載した写真（入手先は下記に記載）はすべて、ロベルト・コルター（Roberto Kolter）博士が、Adobe Photoshopを用いて色鮮やかになるよう、手を加えたものである。コルター博士はグアテマラで育ち、米国に移住し、カーネギー・メロン大学、カリフォルニア大学サンディエゴ校、スタンフォード大学で学んだ。1983年以来、ハーバード大学医学部微生物学・分子遺伝学科の教授の職にある。コルター博士は、微生物の姿を捉えて公開することに常に関心をもっており、微生物の写真で「Journal of Bacteriology」誌の表紙を飾るという慣例を創り出した。1999年以来、掲載論文の中から表紙写真を選び出して構成する責任者を務めており、この本の写真の多くは、同誌の表紙をすでに飾ったものである。

【写真の掲載されたページと提供者のリスト】

8、27、44、58、64、70、75、81：Roberto Kolter
20：R. P. Ross
21：E. Peter Greenberg and Jeremy Yarwood
26：Eduardo Groisman
32：Adam Driks
38：Michael Thumm
39：David Engelberg
45：Ernesto Garcia
48：Dale Kaiser
49：Yves Brun and David White
53：www.hpylori.com.au の厚意による
76：Reinhard Wirth
82：Makoto Miyata（宮田 真・大阪市立大学）

イラストについて

　この本のあちこちに登場する奇抜でユーモラスな微生物の絵を描くために、アダム・アラニッツ（Adam Alaniz）は学術的な記載のある教科書を探し、細菌の写真や電顕写真を何枚も詳しく調べた。スポットイラストは、アルシュ（Arches）紙に水彩、ペン、インクで描かれ、より大きな全ページイラストは、水彩画にコンピュータ画像処理を加えたものである。幼少時からイラストを描いていたアラニッツは、カリフォルニア州パサデナにあるアートセンター・カレッジ・オブ・デザインを卒業した。

Produced by Wilsted & Taylor Publishing Services

Project management: Christine Taylor
Art management: Jennifer Uhlich
Production assistance: Drew Patty and Mary Lamprech
Copyediting: Melody Lacina
Proofreading: Nancy Evans
Design and composition: Tag Savage
Printer's devils: Lillian Marie Wilsted, Juna Hume Clark, Gracie Quinn, and Annie Quinn
Printing and binding: Regal Printing Ltd., Hong Kong, through Stacy and Michael Quinn of QuinnEssentials Books and Printing, Inc.

著者について

アーサー・コーンバーグ博士が、三人の息子、ロジャー（Roger）、トム（Tom）、ケン（Ken）にこの魅力的な「目に見えない小さな生き物のおはなし」を語り始めたのは、酵素研究者としての研鑽を積んでいる時期だった。このおはなしには、微生物界のヒーローや悪役が登場し、微生物を研究した科学者の偉業についてのエピソードが含まれている。

コーンバーグ博士は、デオキシリボ核酸（DNA）の複製を行う酵素の役割の発見に対して1959年度のノーベル医学・生理学賞を受賞した。同年、スタンフォード大学医学部生化学科教授に就任し、DNA合成、DNA複製、無機ポリリン酸（ポリリン酸）といったテーマについて、教育・研究に生涯を捧げた。

ロジャー、トム、ケンが子供の頃に聞いた「目に見えない小さな生きもののおはなし」に深く関係していたのと同じく、彼らの子供たち、ギリ（Gili）、ガイ（Guy）、ジェシカ（Jessica）、マヤ（Maya）、ロス（Ross）、ソフィー（Sophie）、ザック（Zac）、ゾーイ（Zoe）は、新しいおはなしを書き加えるきっかけとなり、その熱心な読者であった。彼らの問いかけやともにおはなしを楽しむ様子は、彼らの祖父の科学研究に明け暮れた生涯と相まって、「ちっぽけで可愛い生き物たち」や微生物が生きているミクロの世界を生き生きとしたものにしている。

1959年ノーベル賞受賞のためにストックホルムへ向かう途中で。（左から）ロジャー、ケン、シルヴィ（コーンバーグ博士夫人）、コーンバーグ博士、トム

（左から時計回りに）ジェシカ、ソフィー、ロス、ガイ、ザック、マヤ、ギリ、ゾーイ

監修者あとがき

　細菌やカビなどの微生物から人間に至るまで、すべての生き物は細胞からできており、細胞の働きは遺伝子が司っています。遺伝子は、デオキシリボ核酸（DNA）からできていますが、著者のアーサー・コーンバーグ博士は、DNAの複製を行う酵素を発見し、1959年度のノーベル医学・生理学賞を受賞した20世紀を代表する生化学者です。基礎研究を大事にし、オープンな環境と研究者の独創性を尊重するコーンバーグ博士の一貫した姿勢により、スタンフォード大学は遺伝子工学とバイオテクノロジー産業を生み出すメッカとなりました。

　博士は、やはり研究者だったシルヴィ夫人との多忙な研究生活のかたわらで、まだ幼かった3人の息子、ロジャー、トム、ケンに、自分たちが研究している魅力的で、人々に役立つ目に見えない微生物について語りかけました。父の話を聞いて育った息子たちは立派に成長し、長男のロジャーは、RNA合成の研究で2006年度のノーベル化学賞を受賞し、次男のトムは、ジュリアード音楽院でチェロの演奏を修行した後、ショウジョウバエの発生学における第一級の分子生物学者として活躍しています。三男のケンは、著名な建築家として世界各国の研究所を設計し、現在、沖縄科学技術大学院大学（OIST：仮称）のデザインも手がけています。私と妻はコーンバーグ博士の薫陶を受け、30年にわたり博士のご家族とも親しく交流させていただき、個人の独創性を育む家庭環境が作られる過程を目撃してきました。本書は、コーンバーグ博士が幼い息子たちに話しかけたように、50年の歳月を経て祖父となった博士が、8人の孫、ギリ、ガイ、ジェシカ、マヤ、ロス、ソフィー、ザック、ゾーイたちに向かって話しかける短い物語からなっています。話の主人公は、やはり目に見えない微生物ですが、ヒトの胃に住みつくピロリ菌や、細菌を食べる粘液細菌、エイズについてもふれられています。

　コーンバーグ博士は文章の達人であり、これまでに多くの簡潔で印象的なエッセイと3冊の著作をまとめられましたが、本書を執筆した後、2007年10月に89歳の生涯を閉じられました。本書の翻訳者の宮島郁子博士は、コーンバーグ博士の設立したDNAX研究所で長年にわたり仕事をした研究者でもあります。

　本書を通して、読者のみなさんは、科学を愛し、芸術を愛し、人間を愛し、そして何よりも家族を大切にしたコーンバーグ博士の暖かい人柄にふれることができるでしょう。21世紀は生命科学の時代といわれますが、その扉を開いたコーンバーグ博士の文字通り最後の著作となった本書を、子供たちはもとより、大人の世代の方々に強く推薦します。

2008年5月

東京大学名誉教授
新井賢一

（左から）トム、アーサー、ロジャー・コーンバーグ博士

座長：新井賢一博士

2007年7月23日に東京大学安田講堂で行われたシンポジウム「独創的研究の神髄：コーンバーグ親子から学ぶ」では、アーサー・コーンバーグ博士とそのご子息がそれぞれの研究について講演を行いました（撮影：多羽田哲也博士）

訳者あとがき

　コーンバーグ先生が亡くなられた。その2カ月前には、奥様と3人の息子さんとともに蒸し暑い日本を訪問されていた。昨年のことである。その際、先生は「'Swan Song' を歌いに日本に来ました」とおっしゃった。パーティーへのご入場が30分遅れ、奥様が取り置いておかれた料理にまったく口をつけておられなかったことが気にかかった。しかし、まさかこの心配が事実になるとは…。

　メディアがご逝去を報じ、著名な科学誌が追悼記事の特集を組み、コーンバーグ先生の偉大さを再認識することとなる。ノーベル医学・生理学賞受賞者であり、アメリカ・スタンフォード大学医学部生化学科教授として、人呼んで「アーサー王朝」を築いた方である。まさに、「巨星墜つ」。

　私事ながら、私はコーンバーグ先生の弟子ではない。先生が設立されたバイオベンチャー（DNAX研究所）に在籍していたとはいえ、末席も末席という、薄いご縁である。ところが勝手ながら、コーンバーグ先生にはとても近しい感情を抱いている。おそらく、DNAXについて書かれた先生の前著を翻訳するにあたって（「輝く二重らせん－バイオテクベンチャーの誕生」発行：メディカルサイエンスインターナショナル）、先生のバイオベンチャーに寄せる深い思いに日々触れていたために違いない。

　本著、「ミクロの世界の仲間たち（原題 'Germ Stories'）」は、幼い息子さんたちに語られた、さまざまな「微生物のおはなし」がもとになっている。先生がこのようなお話をされた理由は、ご自身の仕事に親しみを感じてほしい、興味をもってもらいたい、理解してほしいという父親としてのお気持ちからではないかと拝察する。そして、お孫さんに囲まれた先生は、「科学の芽を育てる」という立場にシフトされたと思う。私的な「おはなし」から公に向けた「メッセージ」へと変化させ、啓蒙に重きを置かれたと想像する。

　原著と比べていただければおわかりになると思うが、原著は韻を踏んでいる。邦訳にあたって、この表現はとらなかった。また、文章の進行上、意訳をしたところも多々ある。さらに、各章には、内容を表す短いタイトルを付けさせていただいた。以上のご容赦いただきたい変更は含まれるが、原著の「香り」を損なわないよう、極力努めた。

　この本は、文字通り、先生のスワン・ソング（最後の著書）となってしまった。ご高齢にもかかわらず本書に費やされた先生のご尽力に答えるべく、親から子へ、ある世代から次の世代へと読み継がれる一冊となればと思う。「科学離れ」が嘆かれる昨今、「啓蒙」の書となることを願っている。

　最後に、本著を訳したいという私の強い願いをご理解いただき、翻訳のチャンスをお与えいただいた新井賢一先生に、深く感謝申し上げたいと思う。

2008年5月

宮島郁子

ミクロの世界の仲間たち
微生物のふしぎなおはなし

2008年6月25日　第1刷発行

著　者	Arthur Kornberg
イラスト	Adam Alaniz
写　真	Roberto Kolter
訳　者	宮島郁子
監　修	新井賢一
発行人	一戸裕子
発行所	株式会社　羊　土　社
	〒101-0052 東京都千代田区神田小川町 2-5-1
	TEL：03(5282)1211　FAX：03(5282)1212
	E-mail：eigyo@yodosha.co.jp
	URL：http://www.yodosha.co.jp/
印刷所	凸版印刷株式会社

©Yodosha, 2008. Printed in Japan
ISBN978-4-7581-0726-6

本書の複写権・複製権・転載権・翻訳権・データベースへの取り込みおよび送信（送信可能化権を含む）上映権・譲渡権は、（株）羊土社が保有します。

JCLS　<（株）日本著作出版管理システム委託出版物>　本書の無断複写は著作権法上での例外を除き禁じられています。複写される場合は、そのつど事前に（株）日本著作出版管理システム（TEL 03-3817-5670, FAX 03-3815-8199）の許諾を得てください。

羊土社発行書籍

子どもから大人まで幅広い年代の方に大好評！羊土社の科学絵本

からだをまもる免疫のふしぎ

▶ アレルギーって何？　がんも免疫で治るの？　楽しみながら、しっかりとした科学が身につくお話です！

日本免疫学会／編

定価（本体1,800円＋税）　A4変型判　71ページ　ISBN 978-4-7581-0725-9

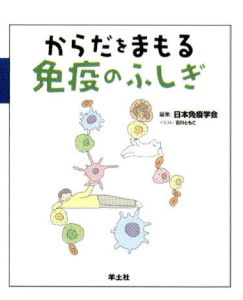

バイオについてもっといろいろ知りたい方におすすめ！大好評入門書

生物学オリンピック問題集　解説・公式ガイド付き

▶ 生物学の金メダルにチャレンジ！精選された過去問題に解答・解説が充実、予選への参加方法などオリンピック情報も満載の公式問題集です！

国際生物学オリンピック日本委員会／編

定価（本体1,600円＋税）　B5判　126ページ　ISBN 978-4-89706-174-0

免疫学はやっぱりおもしろい

▶ 複雑な免疫学の世界をできるだけかみ砕き、その巧妙さをわかりやすく解説した名著が待望の改訂！

小安重夫／著

定価（本体2,800円＋税）　四六判　239ページ　ISBN 978-4-7581-0724-2

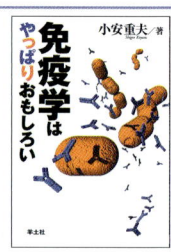

遺伝子が明かす　脳と心のからくり
東京大学超人気講義録

▶ 心を操る遺伝子とは？東京大学で一番人気の講義が熱気そのままで、ついに単行本化！

石浦章一／著

定価（本体1,600円＋税）　四六判　270ページ　ISBN 978-4-89706-882-4

生命に仕組まれた　遺伝子のいたずら
東京大学超人気講義録 file2

▶ あの東大超人気講義が帰ってきた！今度も文句なく面白い！科学のメスが生命の謎を見事に解き明かしていく！

石浦章一／著

定価（本体1,800円＋税）　四六判　300ページ　ISBN 978-4-89706-498-7

基本がわかれば面白い！バイオの授業

▶ 生命科学の基礎知識から、ニュースや新聞によく登場するキーワードまでをやさしくコンパクトに説明！

胡桃坂 仁志／著

定価（本体2,600円＋税）　A5判　173ページ　ISBN 978-4-89706-496-3

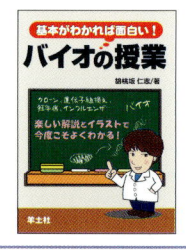

文系のための生命科学

▶ 東京大学より初の文系向け生命科学テキストが登場！「食」「健康」などの身近な話題から「生命倫理」まで、社会的関心の高いテーマを軸に生命科学の基本を解説。一般教養、科学リテラシーを身に付けるために最適な一冊です。

東京大学生命科学教科書編集委員会／編

定価（本体2,800円＋税）　B5判　159ページ　ISBN 978-4-7581-0721-1

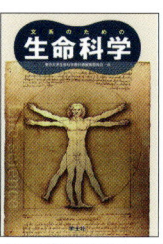

羊土社ホームページ　http://www.yodosha.co.jp/